院士科普书系

中小学科学素质教育文库

修订本

现代科技与战争

张效祥　张夷人　编著

清华大学出版社 北京
暨南大学出版社 广州

内 容 简 介

战争是人类历史上的一种社会现象。人们为了生存必须关注战争。

现代科学技术给战争带来的变化是全方位的，从战争准备到战争样式，从战略到战术，从军事理论到作战实施……近年发生的海湾战争、阿富汗战争、伊拉克战争等让我们看到了现代科技的力量。

（说明：封面照片来自个人，少量引自报刊及网站，特此致谢！限于时间和条件，无法一一联系，如有主张版权者，请携原始证据联系清华大学出版社付酬。）

图书在版编目（CIP）数据

现代科技与战争/张效祥，张夷人编著. —北京：清华大学出版社；广州：暨南大学出版社，2005.1(2019.6重印)
（院士科普书系/路甬祥主编）
ISBN 978-7-302-10053-9

Ⅰ.现… Ⅱ.①张…②张… Ⅲ.高技术-应用-战争-普及读物 Ⅳ.E919 49

中国版本图书馆CIP数据核字(2004)第127259号

责任编辑：蔡鸿程
责任印制：丛怀宇

出版发行：清华大学出版社　　地　址：北京清华大学学研大厦A座
http://www.tup.com.cn　　邮　编：100084
社 总 机：010-62770175　　邮　购：010-62786544
暨南大学出版社　　地　址：广州天河
http://www.jnu.edul.cn　　邮　编：510630
投稿与读者服务：010-62776969，c-service@tup.tsinghua.edu.cn
质 量 反 馈：010-62772015，zhiliang@tup.tsinghua.edu.cn
印 装 者：河北远涛彩色印刷有限公司
经　销：全国新华书店
开　本：140mm×203mm　印　张：5.875　字　数：115千字
版　次：2005年1月第1版　2011年6月修订　印　次：2019年6月8次印刷
定　价：12.00元

产品编号：016589-05/E

《院士科普书系》编委会(第三届)

提高全民族的科学素质

——序《院士科普书系》

人类走到了又一个千年之交。

人类的文明进程至少已有六千余年。地球上各个民族共同创造了人类文明的灿烂之花。中华文明同古埃及文明、古巴比伦文明、古印度文明、古希腊文明等一起,是人类文明的发源地。

十五世纪之前,以中华文明为代表的东方文明曾遥遥领先于当时的西方文明。从汉代到明代初期,中国的科学技术在世界上一直领先长达十四个世纪以上。在那个时期,影响世界文明进程的重要发明中,相当部分是中华民族的贡献。

后来,中国逐渐落后了。中国为什么落后?近代从林则徐以来许多志士仁人就不断提出和思索这个历史课题。但都没有找到正确的答案。以毛泽东同志、邓小平同志为代表的中国共产党人作出了唯一正确的回答:中国落后,是由于生产力的落后和社会政治的腐朽。西方列强对中国的欺凌,更加剧了中国经济的落后和国家的衰败。而落后就要挨打。所以要进行革命,通过革命从根本上改变旧的生产关系和政治上层建筑，为解放和发展生产力开辟道路。于是，就有了八十多年前孙中山先生领导的辛亥革命，就有了五十年前我们党领导的新民主主义革命的胜利，以及随后进行的社会主义革命的成功。无论是革命还是我们正在进行的社会主义改革，都是为了解放和发展生产力。

邓小平同志提出的“科学技术是第一生产力”的著名论断，使我们对科学技术在经济和社会发展中的地位与作用的认识，有了新的飞跃。我们应该运用这一真理性的认识，深刻总结以往科学技术发展的历史经验，把我国科技事业更好地推向前进。中国古代科技有过辉煌的成果，但也有不足，主要是没有形成实验科学传统和完整的学科体系，科学技术没有取得应有的社会地位，更缺乏通过科技促进社会生产力发展的动力和机制。为什么近代科学技术首先在文艺复兴后的欧洲出现，而未能在中国出现，这可能是原因之一吧。而且，我国历史上虽然有着伟大而丰富的文明成果和优良的文化传统，但相对说来，全社会的科学精神不足也是一个缺陷。鉴往开来，继承以往的优秀文化，弥补历史的不足，是当代中国人的社会责任。

在新的世纪中，中华民族将实现伟大的复兴。在一个占世界人口五分之一的发展中大国里，再用五十年的时间基本实现现代化，这又是一项惊天动地的伟业。为实现这个光辉的目标，我们应该充分发挥社会主义制度的优越性，坚持不懈地实施科教兴国战略。

科教兴国，全社会都要参与，科学家和教育家更应奋勇当先，在全社会带头弘扬科学精神，传播科学思想，倡导科学方法，普及科学知识。科教兴国也要抓好基本建设。编辑出版高质量的科普图书，就是一项基本建设，对于提高全民族的科学素质，是很有意义的。在《院士科普书系》出版之际，写了上面这些话，是为序。

江泽民

一九九九年十二月二十三日

人民交给的课题

——写在《院士科普书系》出版之际

世界正在发生深刻的变化。这一变化是20世纪以来科学技术革命不断深入的必然结果。从马克思主义的观点看来，生产力的发展是人类社会发展与文明进步的根本动力；而“科学技术是第一生产力”，因此，科学技术是推动社会发展与文明进步的革命性力量。从生产力发展的阶段看，人类走过了农业经济时代、工业经济时代，正在进入知识经济时代。

知识经济时代，知识取代土地或资本成为生产力构成的第一要素。知识不同于土地或资本，不仅仅是一种物质的形态，知识同时还是一种精神的形态。知识，首先是科学技术知识，将不仅渗透到生产过程、流通过程等经济领域，同时还将渗透到政治、法律、外交、军事、教育、文化和社会生活等一切领域。可以说，在新的历史时期，一个国家、一个民族能否掌握当代最先进的科技知识以及这些科技知识在国民中普及的程度将决定其国力的强弱与社会文明程度的高低。科技创新与科普工作是关系到一个国家、一个民族兴衰的大事。

对于我们科技工作者来说，我们的工作应当包含两个方面：发展科技与普及科技；或者说应当贯穿于知识的生产、传播及应用的全过程。我们所说的科普工作，不仅是普及科学知识，更应包括普及科学精神和科学方法。

我们的党和政府历来都十分重视科普工作。党的十五大更是把树立科学精神、掌握科学方法、普及科技知识作为实施科教兴国战略和社会主义文化建设的一项重要任务提到了全党、全国人民和全体科学工作者的面前。

正是在这样的背景下，1998 年春由科学时报社（当时叫“中国科学报社”）提出创意，暨南大学出版社和清华大学出版社积极筹划，会同中国科学院学部联合办公室和中国工程院学部工作部，共同发起《院士科普书系》这一重大科普工程。

1998 年 6 月，中国科学院与中国工程院“两院”院士大会改选各学部领导班子，《院士科普书系》编委会正式成立，各学部主任均为编委会委员。编委会办公室在广泛征求意见的基础上拟出 150 个“提议书目”，在“两院”院士大会上向 1000 多名院士发出题为《请科学家为 21 世纪写科普书》的“约稿信”，得到了院士们的热烈响应。在此后的半年多时间里，有 176 名院士同编委会办公室和出版社签订了 175 本书的写作出版协议，开始了《院士科普书系》艰辛的创作过程。

《院士科普书系》的定位是结合当代学科前沿和我国经济建设与社会发展的热点问题，普及科技知识、科学方法。科学性、知识性、实用性和趣味性是编写的总要求。

编写科普书对我国大多数院士来说是一个新课题。他们惯于撰写学术论文。如何把专业的知识和方法写成生动、有趣、有文采的科普读物，于科技知识中融入人文教育，不是一件容易的事。不少院士反映：写科普书比写学术专著还难。但院士们还是以感人的精神完成自己的书稿。在此过程中，科学时报社和中国科学院学部联合办公室、中国工程院学部工作部以及清华大学出版社、暨南大学出版社也付出了辛勤的劳动。

《院士科普书系》首辑终于出版了。这是人民交给科学家课题，科学家向人民交出答卷。江泽民总书记专门为《院士科普书系》撰写了序言，指出科普是科教兴国的基础工程，勉励科学家、教育家"在全社会带头弘扬科学精神，传播科学思想，倡导科学方法，普及科学知识"，充分表达了党的第三代领导集体对科普的重视，对提高全民族科技素质的殷殷期望。

《院士科普书系》将采取滚动出版的模式。一方面随着院士们的创作进程，成熟一批出版一批；另一方面随着科学技术的进步和创新，不断有新的题材由新的院士作者撰写。因此，《院士科普书系》将是一个长期的、系统的科普工程。

这一庞大的工程，不但需要院士们积极投入，还需要各界人士和广大读者的支持——对我们的选题和内容提出修订、完善的建议，帮助我们不断提高《院士科普书系》的水平与质量，使之成为国民科技素质教育的系统而经典的读本。在科学家群体撰写科普书方面，我们也要以此为起点为开端，参与国际竞争与合作，勇攀世界科普创作的高峰。

中国科学院院长

《院士科普书系》编委会主任

路甬祥

2000 年 1 月 8 日

序　言

战争是人类历史上的一种社会现象，是人类历史的组成部分，随着科学技术的进步而不断地发展变化。当今科学技术发展迅猛，高新技术不断涌现，导致军事领域也发生了巨大的变化。人们认为，科技进步引发的军事革命，改变着战争的形态。进入20世纪以来，至少已经进行过4次军事革命，其中，尤其是目前正在进行的以信息化为中心的军事革命，影响更为深远。

现代科学技术给战争带来的变化是全方位的，从战争样式到作战的方式方法，由战争准备到作战实施，涉及武器装备、军队编制、组织指挥、军事理论等各个方面。近年发生的海湾战争、科索沃战争、阿富汗战争和伊拉克战争等4场局部战争，从不同的侧面反映了军事领域发展的最新动态，同时，也让人们看到在最近的十几年里，在科学技术的推动下，军事与战争发展的快捷脚步。

战争是人们为了生存所必须关注的。我们虽然历来反对给人类带来巨大灾难的战争，但客观上战争的存在又让我们必须关注它、正视它并深入地研究它。“兵者，国之大事，死生之地，存亡之道，不可不察也。”是孙子兵法的一句名言，说的是，战争是国家大事，它关系到生死存亡，是不能不认真考察研究的。毛泽东同志也告诫我们：“全党都要注重战争，学习军事，准备打仗。”实际上，人们都十分关注战争，注意军事技术的发展及其在战争中的运用，各种媒体也都在及时地将世界上的一些战事展现给人们。

本书与其他科普书不同的是，不是专门介绍科学技术的某一领域，而是展示科学技术对军事和战争全面的作用和影响，涉及科学技术在军事与战争行动中的综合应用。全书分为 6 章，第 1 章介绍战争的起源、演变及军事技术发展的特点。第 2 章简要介绍科学技术推动战争发展和军事变革的历史过程。第 3 章介绍现代科技引发装备与武器发展的情况。第 4 章介绍现代科技条件下的士兵与军队。第 5 章介绍现代科技条件下现代军事与现代战争的一些特征。第 6 章则以近年来发生的几次局部战争的实例来展示现代科技条件下的战争情况。

张钦祥

2004 年 10 月 15 日

目　　录

1 概述

1.1 战争随科技进步而发展

战争是敌对双方为了一定的政治目的和经济目的，有组织有计划地使用武力进行的激烈的军事对抗活动。战争是解决阶级、民族、政治集团、国家之间矛盾冲突的最高斗争形式，是政治通过暴力手段的继续。

原始社会人口稀少，居住分散、隔绝，还不具备产生战争的条件。在人类的历史上，一般认为战争现象最初产生于原始社会的后期。随着生产力的发展。人类从原始社会进入民族公社时期，出现了私有财

战争是解决阶级、民族、政治集团、国家之间矛盾冲突的最高斗争形式，是政治通过暴力手段的继续。

产和阶级，同时人口增加，生活需求扩大，部落或部落群之间常因争夺生活资料而发生暴力冲突，这些冲突就是人类战争的原始雏形。科学和历史证明，200 万年前出现了类人猿，4 万年前出现了人类，原始战争的出现至今大约在 1 万年左右。历史还证明，人类历史上战事频繁，一些国家、部族或集团为了达到其政治目的，总是频繁地发动战争或武装冲突。例如，我国从战国到清朝的 2300 多年间，大小战争就发生了 1800 多次。据国外统计，法国从公元 967 年到 1925 年的 959 年的历史中有 657 年是战争年代，只有 25 年没有发生较大规模的战争。俄罗斯从公元 901 年到 1925 年的 1025 年中，有 592 年是战争年代，也只有 25 年是相对和平的年代。在英国历史上，从公元 1015 年到 1925 年，只有 25 年没有发生较大规模的战争。从第二次世界大战结束到 1986 年的 41 年里，世界上共发生了 182 场局部战争和武装冲突，其中 40 年代的后 5 年 18 场，50 年代 41 场，60 年代 73 场，70 年代 30 场，80 年代前 6 年 20 场。这只统计了战争与冲突的次数，有些战争是跨年代的，有的还持续相当长的时间。据俄罗斯的军事学者统计，在地球上有了文明的 5500 多年里，共发生了15 000 次战争和武装冲突，在这些战争和武装冲突中，约有 35 亿人丧生。在整个人类历史过程中，只有 292 年是在和平条件下度过的，这样算来，每 100 年在和平环境下生活的时间还不到一个星期。这实在是人类的不幸！

人类初期的战争并不都带有政治目的，在部族、种族和氏族内部劳动成果分配与交换，商品关系向商品货币关系发展才引起战争。剥削制度与阶级的出现，私有制导致战争的

有史以来人们始终在忙于战争，也始终在研究如何准备、进行和防止战争。人类的历史也是一部战争史。

发展与扩大，武装斗争表现为具有消灭异己和强制统一的政治目的。

人类文明的发展不仅没有消除战争，而且战争的规模越来越大，破坏力和残忍程度不断增加。可以说，有史以来人们始终在忙于战争，也始终在研究如何准备、进行和防止战争。从这种意义来说，人类的历史也是一部战争史。

科学技术发展的不同时期，都有与其对应的武器装备和军队，战争与武装冲突也各有不同的表现形式，总体上是由简单到复杂，由低级到高级，涉及的区域由小到大，从陆地向海洋、天空及太空等领域延伸，是一个随科学技术而同步发展的漫长过程。

人类进入近代社会后，一些军事理论家和历史学家开始使用“军事革命”来表述伴随科学技术进步，发生在军事领域里的根本性变革。由于不同国家、不同地区的社会、经济、科学技术、军事的发展水平及文化背景等的差异，考察军事问题角度的不同，因而对于军事革命的含义、发生的次数和战争阶段的划分也存在不同的看法。但比较一致的看法是，军事革命是指军事领域各个方面都发生根本性变化的社会现象，军事革命紧密地与社会的发展相联系，并且主要是由于科学技术的进步，作用于军事领域，引起了军队的武器装备、军队体制、教育训练、军事理论、作战方式等方面发生根本性的变化。

军事革命源远流长，但早期由于世界各个地区相互隔绝，某个国家或地区发生的军事革命，很少具有普遍性的世界意义。到了近代，由于资本主义海外市场的开辟和科学技

“知识就是力量”表明科学技术是生产力，是社会前进的动力。

术的进步，加快了信息交流的速度，使一个地区或国家发生的军事革命，能够迅速地波及整个世界。

核技术与核武器的出现和使用对军事与战争产生极大的影响。核武器虽然只是在1945年象征性地使用了一下，真正的核战争还没有发生过，但核武器的出现却标志着军事技术的发展进入了一个新的阶段。20世纪是科学技术飞速发展的时期，继核技术之后，60年代的航天技术，80年代以来的信息技术、生物技术以及新材料、新工艺等接踵而来，在这样的背景下，产生了全球性的新的军事革命，武器装备、军队体制、作战理论都在随之发生变革。这主要是20世纪80年代以来的电子技术在全社会的普遍应用、信息技术的形成与发展的结果，人类已经步入了信息社会。技术先进的国家已经具备了进行信息战争的能力。

1.2 军事技术发展的特点

(1) 以科学技术为基础

通俗地说，科学是人类认识世界的学问，它以知识体系的形式存在，反映人类活动的客观规律，又依据研究的领域或对象的不同而区分为各种学科，如自然科学、社会科学、军事科学等。技术则是科学的某种应用，是人们改造世界的学问，它除了知识以外还包括经验与技巧。

科学与技术在人类文明史上占有十分重要的位置，因为它是惟一能够充分解释人类社会进步本质的那一部分。“知识就是力量”表明科学技术是生产力，是社会前进的动力。

军事技术是科学技术的组成部分，它以科学技术为基础，不可能离开科学技术而单独发展。

人类的社会实践，是科学技术产生与发展的源泉，为了生存必须适应并征服自然，必须占有存在的空间与资源，出于探索而进行实验。这些认知的总结、提升和概括则在不断地丰富科学的宝库。

军事技术是指直接运用于军事领域的科学技术和应用技术，主要是武器装备研制和生产所涉及的科学技术，发挥武器装备效能的操作使用和维修保养技术，以及军事工程和指挥控制技术等。有时也包括操纵使用武器装备的技能。

军事技术是科学技术的组成部分，它以科学技术为基础，不可能离开科学技术而单独发展。在人类的历史中，可以明显地看到军事技术总是与科学技术同步发展。当然，军事技术也在一定程度上推动科学技术的发展，二者相辅相成。

(2) 以战争的需要为动力

军事技术对于科学技术的依赖，并不排斥它形成自己独立的体系。虽然它必须以科学技术为前提，但它又不总是处于滞后和消极的状态，相反，军事技术具有相当的积极性，涉及到国家与民族生死存亡的战争需求，在极大地激励着军事技术的发展。在科学技术的发展过程中，有两点必须看到：一是许多科学发明与进步就直接是为实现军事目的而进行的。运筹学源于作战运筹，系统工程在军事系统的建立与应用中得到发展，第一台电子计算机就是为弹道的求解与计算而诞生的，为了研制大规模杀伤性武器产生了核技术等都说明了这一点。二是一些最新的科学技术成果一经出现就立即为军事和战争所用，进而迅速地促进新技术的发展与成

军事科学是反映战争与战争指导规律，用以指导国防与军队建设、战争准备与实施的知识体系，也称军事学。

熟，从古代的冶炼技术、筑城工程，到近代的机械制造、通信技术和现代的电子技术、信息技术、生物技术，还有一些新材料、新工艺等都是如此。

战争的需要不仅仅是针对作战对象，还包括为了适应和克服作战条件与自然环境等影响的因素，如夜视技术、全天候武器、工程与渡河器材、空中加油、卫星定位等。

为了战争的需要，在我国从元朝开始就出现了相对独立的军工系统，到了 20 世纪，世界上多数国家都具有规模巨大的军工部门与企业，军事工业在国民经济中占有相当大的比重，并且都有一大批科学技术人员在从事军事科学技术的研究工作。

战争的需求对科学技术的发展起牵动作用，还表现在许多技术是通过战争的实践得到发展、完善、检验和普及的。战争是科学技术最实际、最严格的实验场。科学技术，特别是应用技术的正确性、实用性由战争来反映与证实。许多新的科学技术通过战争得到交流与推广，形成军事科学技术的你追我赶、争做领先的局面正是形成军备竞赛的重要原因。

（3）受军事科学，主要是军事思想和作战理论的制约

军事科学是反映战争与战争指导规律，用以指导国防与军队建设、战争准备与实施的知识体系，也称军事学。

在我国，古代把军事家称为“兵家”，把军事理论著作称为“兵书”、“兵法”、“兵道”或“兵略”等，到了宋代，出现了“兵学”这一概念，并一直沿用到近代。1906 年出版的《战法学教科书》，将兵学定义为“武学之总称，战争之学问也”。1934 年，中国工农红军出版的《红星报》开始使用“军事科

军事实践是孕育并产生军事科学的源泉和动力，也是检验军事科学的惟一标准。同时军事科学对于军事实践具有理论指导作用。

学”这一概念。1956 年刘伯承元帅在《军语画一》中提出，军事科学是研究指导战争规律的科学。1958 年出版的《新知识词典》写道：“军事科学是关于战争的规律性，以及准备战争、进行战争的方式方法的知识体系。”1962 年叶剑英元帅提出“军事科学是研究战争和指导战争规律的科学”的论断。

在国外，1732 年法国萨克斯元帅提出：“战争是一种充满阴影的科学，在这种阴影之下，一个人在行动时是很难有把握的”，“所有科学都有原理，惟战争独无。”英国将军亨利·劳埃德（1729—1789）明确提出“军事科学”这一概念。他说：“世界上没有比军事科学更难的科学了。”19 世纪以前，西方国家一直将军事科学阐释为战争艺术，到了 20 世纪，首先是由前苏联的军事学术界提出“军事科学是关于准备和进行武装斗争的完整的知识体系”。

军事科学是军事实践，主要是战争实践的产物。军事实践是孕育并产生军事科学的源泉和动力，也是检验军事科学的惟一标准。同时军事科学对于军事实践具有理论指导作用。

军事思想是军事科学的重要组成部分，是关于战争和军队问题的理性认识，体现为国防与军队建设、战争准备与实施的指导理论和基本原则。不同的军事思想产生不同的战争准备与指导理论，并对军事技术的发展有着明显的制约作用。如 19 世纪的海军制胜论，导致造船、军舰和航海技术的迅猛发展；后来的空军制胜论与坦克制胜论对军事技术和兵器的发展都产生过重要的影响。

军事思想来源于战争实践，因而往往反映的是对上次或

与一般的科学技术相比，现代军事科学技术表现了更高的综合性与群体性。

上几次战争实践的认识，总结与贯彻现行军事思想的人往往又多是经历过上次或上几次战争的军人，“过来人”倡导的难免会带有过去（过时）的味道，所以必须十分注意保持军事思想的前瞻性和先进性。

(4) 军事技术的综合性与集成性

军事技术特别讲究实用，许多兵器都是按作战的需要综合多种技术而制成的。20世纪末世界上涌现的一些高新技术，特别是军事技术，其发展的规律与特点就充分地说明了这一点。与一般的科学技术相比，现代军事科学技术表现了更高的综合性与群体性，在某些带头的高新技术的作用下，这种倾向更加明显。高新技术的发展，一方面会造成技术或专业的分工越来越细，形成或产生了一些新的专业或技术学科；另一方面，专业或技术在分化之后又会重新在新的层次或范畴再度走向综合，特别是在军事技术这种更加侧重于应用的领域里，这个特点会十分明显与突出。一架预警飞机构成的情报系统，包括了多项技术的综合；一辆新型的步兵战车，同时具有装甲兵、炮兵、步兵、防空兵以及侦察、通信、防化等多兵种的属性与功能；气垫船应用于军事，集水、陆、空于一身(见图1.1)；武装直升机的发展，产生了陆军航空兵。这些不仅构成了军、兵种的交叉、重叠与渗透，造成军、兵种之间的界限不清，还必然引起作战方法、作战理论的发展，同时，也会导致一些观念、思想的发展变化。在这样的背景下，一些跨学科、越领域的新学科与新技术，如军事系统工程、军事运筹学、军事信息技术、军用计算机技术等相继产生并迅速地得到发展。这些，不仅对社会，也对军事领域产生了巨

许多国家都特别强调“加速把技术转变为作战能力”，认为“迅速把科学技术转变为作战能力是一个具有关键性的问题”。

大与深远的影响。

图 1.1 气垫船

(5) 军事技术应加速转变为作战能力

军事技术的发展，总是在不断地提高军队的作战能力。实际上，一种新技术的出现，并不能立即形成作战能力，而需要经过一段为人们认识、掌握和与原有技术条件下作战运用及使用方式相适应、衔接的过程，从人类发明飞机到空军在战场上能够影响战争进程，经历了近半个世纪的时间。坦克是第一次世界大战时出现的，而主宰战场却经历了近 30 年的时间。

现代科学技术发展迅猛，军事技术形成作战能力的时间则在缩短，许多国家都特别强调“加速把技术转变为作战能力”，认为“迅速把科学技术转变为作战能力是一个具有关键性的问题”。

科学技术推动军事变革

2.1 冷兵器和第1代战争

早期,人们还没有发明火药,所以称之为冷兵器时代。实际上,最初的兵器与生产工具是不分的,到了原始社会晚期才出现了专门用于战争的兵器。通常将兵器区分为两类:劈刺式与投掷式(参见图2.1)。无疑,棍棒是最早的劈刺式兵器,石块则是最原始的投掷式兵器。也可以将兵器区分为格斗兵器(刀、枪、棒、斧、锤等),射远兵器(弓箭、抛石机等),防护装具(甲、盾等),攻守城器械(云梯、柜马)等四种类型。在这个过程中,冶炼技术的产生和金属的启

实际上，最初的兵器与生产工具是不分的，到了原始社会晚期才出现了专门用于战争的兵器。

用，应该是带有革命性的，随之产生了矛、弓、弩、剑、盾等。为了加强机动和突击能力，利用畜力或古战车。由步兵、梭镖兵组成的密集方阵，加上在平原地区使用的骑兵，作战行动就是短兵相接的肉搏厮杀。在公元前500—前200年时，出现了配头盔，挂胸铠，裹胫甲，手持长矛或圆盾，腰间常常插或挂一把短剑的重步兵和甲兵。

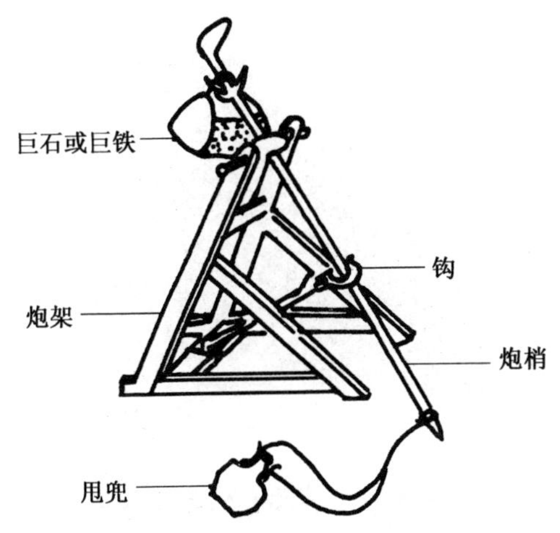

图 2.1　我国宋代的抛石机

这一时期，除了步兵、骑兵、战车外，为了能够在水面作战或由水上配合陆地作战，出现了水兵，用的是木船或帆船。

同时，为了防御敌人的进攻，还大兴筑城，形成许多砖石加瓦的城池，我国的长城（始建于公元前200年，大部分区段建于14世纪）就是典型的例子（参见图2.2），表明永久性的筑城已经达到了当时技术所能达到的最高水平。守城战与

由于军械简单，人的体能是战斗力的主要成分，所以人们将它们都归为第1代战争。

攻城战在战争中占相当的比重。于是，攻城技术也得到了发展，架梯、投石、吊杆到抛石机、弹射器等先后成为军队的技术装备，火攻、谋略（如有名的"特洛伊木马"）也成为攻城作战的战法。正是筑城技术提高了防御作战的地位，著名的军事理论家克劳塞维茨后来曾说："防御是更有效的一种作战形式"，就是对筑城技术运用的最好的总结。

图2.2　金山岭长城

从木棍石块到金属的军械，虽然经历了漫长的岁月，战争的形态也发生了一些变化，由单人对阵厮杀到排兵布阵与讲究队形。但由于军械简单，人的体能是战斗力的主要成分，所以人们将它们都归为第1代战争。

这个时期，作战指挥也十分简单，内容只限于选择战场、排兵布阵、保持队形等；手段有口令、手势、旗语、锣鼓、烟火

火药的发明并应用于战争是军事技术的一次重大革命。

等;指挥员也是战斗员,将帅位于作战队形的中央,站在高地或骑在马上,个人的行动就是指挥,同时将帅也参加甚至率先加入交战和厮杀。在我国,以《孙子兵法》为代表的一些兵书,就是这一时期从理论上对战争和作战指挥进行的总结和论述。

2.2 第1次军事革命和第2代战争

火药的发明并应用于战争是军事技术的一次重大革命。我国在宋代创制了早期的火器,13世纪传入欧洲,14世纪制成点火发射的金属管形射击火器——火门枪。16世纪下半叶至17世纪末,欧洲正处于封建制度解体、资本主义兴起的时期,各个方面都在发生着剧烈变动。与之相适应,军事领域也发生了巨大的变革,火药的广泛应用,滑膛枪取代长矛刀剑,宣告了热兵器时代的到来;国家统一供养和指挥的雇佣兵大量出现,新的军事制度正在孕育;重骑兵迅速地从战场上隐退,步兵成为战争中的主角,炮兵开始受人瞩目;古老的方阵失灵了,新的线式战术队形受到军事家的青睐;海军(水军)的接舷战被火力战代替,炮击成为决胜的主要手段;战争发展到部队和兵团的战术规模,重视步兵与炮兵的结合;作战常以火力射击开始,以冷兵器格斗结束(见图2.3)。

随着军队数量与作战规模的扩大,出现了辅佐统帅筹划作战与指挥的谋士、幕僚、情报人员(探子、探马),指挥内容包括火力运用与协调,采取给单独行动的将帅以必要的权力的方式,指挥手段上更多地运用骑兵、驿站等传递命令的运

军队指挥出现了较大的变化，作战中谋略的地位和作用大大提高，指挥不能单靠统帅个人完成，出现了早期的参谋机构。

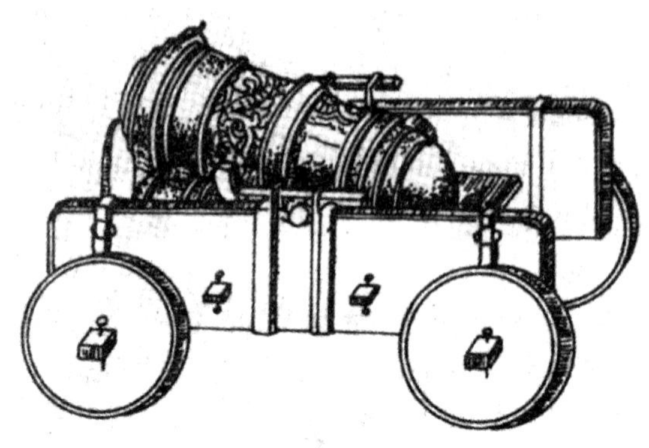

图 2.3　我国清代的威远将军炮

动通信。这一时期的军队指挥出现了较大的变化，作战中谋略的地位和作用大大提高，军事统帅必须用很大一部分的精力定计用谋，侦察敌情变得十分困难和重要，指挥不能单靠统帅个人完成，出现了早期的参谋机构。在欧洲出现了军需官的职务，设立了军需勤务部门，开始出现早期的司令部机构。瑞典军队在 17 世纪建立了有作战、情报、后勤、炮兵、工兵等项参谋业务的司令部，并设参谋长。

这次军事革命发生时，中国正处于明末清初，欧洲传教士将西方的大炮带到了中国，并在紫禁城里建起了造炮工厂，中国人感到了这种“红夷大炮”的威力。然而，当时的中国人对西方的军事却很少关注，所以，这次军事革命对中国影响不大。

产业革命，蒸汽机的发明，内燃机的出现，冶金、化学、机械制造和电力等工业的发展是第2次军事革命主要的背景。

2.3 第2次军事革命和第3代战争

第2次军事革命，发生在18世纪后期至19世纪初期，英国的产业革命，蒸汽机的发明，内燃机的出现，冶金、化学、机械制造和电力等工业的发展是主要的背景。这次军事革命首先在欧洲和北美兴起，由法国军队开创，经拿破仑最终完成，出现了大量多种装药的线膛轻武器和射程远、射速快、精度高的线膛火炮。1858年，美国采用了前装滑膛枪圆锥形子弹，这是美国内战中南北两方使用的标准武器，它的杀伤距离大于当时火炮发射的榴霰弹和圆形霰弹。从1866年起，后装步枪成为欧洲的标准装备。由于采用膛线(来复线)和子弹后装的方法，武器的杀伤力大为提高，强迫作战队形由密集到散开。钢铁制的蒸汽船取代了木质帆船，在船上装上舷炮与炮塔，便出现了新型的战列舰，海战的规模与样式迅速变化。

这次军事革命，资产阶级民族军队代替了封建雇佣军，实行义务兵役制，“帝王的战争变成了人民的战争”；部队的编制趋于合成化，出现了由步兵、骑兵、炮兵合成的军队，以建立战备仓库和就地征用相结合的补给方式，提高了部队机动作战的能力；旧的“机动战略”让位于“决战战略”；呆板的线式战术让位于疏开的散兵线式的战斗队形；堑壕等野战工事普遍使用。在军事理论方面，先是出现了影响深远的若米尼的《战争艺术概论》和克劳塞维茨的《战争论》；后来又产生了由马克思、恩格斯等人所创立的无产

从 18 世纪起，由于两次技术革命的发生，社会生产力得到巨大发展，许多国家建立了庞大的陆军、海军，出现了旅、师、军这些沿用至今的编制形式。

阶级的军事学说。第 2 次军事革命使统治欧洲的封建体系瓦解。

从 18 世纪起，由于两次技术革命的发生，社会生产力得到巨大发展，许多国家建立了庞大的陆军、海军，出现了旅、师、军这些沿用至今的编制形式。军队的战斗力和机动力空前提高，军队交战的范围也越来越大，指挥的内容也大大增加，指挥的职能变得突出，成为作战行动的一个独立的过程。单靠统帅和几个谋士已经不能胜任军队指挥了，如拿破仑越来越感到自己这个“马上皇帝”用鞭子已经无法驾驭军队了。1807 年，他任命贝蒂埃为自己的参谋长，在此后又建立了参谋处。1812 年至 1815 年，俄国军队根据军队指挥的新条例《作战大军统率机关》建立了总司令部、集团军司令部和军司令部，19 世纪中叶又设立了师司令部。这时的司令部还只是指挥员指挥过程中特定的辅助机构，客观上作战指挥还是比较简单，许多问题在很多情况下，指挥官都能够独立自主地处理与解决，主观上由于指挥官对于这种早期的司令部的能力与作用还不那么信任与重视，参谋长实际上是无权的。

此时的中国，正处于最后一个封建王朝由盛到衰的时期，统治者保守愚昧、固步自封，人为地隔绝于世，虽然在 19 世纪 60 年代开始举办制造枪、炮、军舰和其他军火的军事工业，随后建成了一支初具规模的舰队——北洋水师，在甲午战争之后，出现过新军的编练运动，但受封建制度和思想的限制，还是没能跟上世界军事革命的步伐。

两次世界大战的背景和动因是人类进入了资本主义，工业化社会的大生产，世界上出现了两个敌对的社会体系，军备竞赛加剧。

2.4 第3、4次军事革命和第4代战争

第3次军事革命发生在19世纪后期至20世纪初，以普法战争为序幕，遍及欧洲、北美和东亚。后装枪炮取代前装枪炮，无烟火药取代黑色火药，蒸汽船彻底取代木制帆船，疏开的散兵线式战斗队形成为最基本的作战队形，堑壕等野战工事被广泛采用，铁路运输用于军事，军队的战略机动能力大大提高，有线电报、电话的出现，使部队的通信联络明显改善，总参谋部成为军队的最高统率机关，军队的领导指挥发生了历史性的变化，海军进入"大炮巨舰"时代。这场军事革命，使世界军事的发展走出小手工业时代的模式，适应了大工业时代的要求。第4次军事革命，发生在20世纪初至20世纪中叶，以两次世界大战为中心，以大量使用新兵器、用快速闪击战取代堑壕消耗战为先导，使战争展现出机械化的全部特征。背景和动因是人类进入了资本主义，工业化社会的大生产，世界上出现了两个敌对的社会体系，军备竞赛加剧。坦克、战车、各型火炮和火箭炮、飞机、潜艇、航空母舰、化学武器和器材等新兵器与装备用于战场。空军、海军、防空军、化学兵、装甲兵、工程兵、陆战队等军兵种相继出现。陆军的编制规模空前加大，出现了集团军和集团军群（方面军），甚至是方面军战役军团。战争期间全民动员，总体战的规模达到空前水平，一些国家军队的人数达到总人口的10%，甚至20%，部分国家的军队总兵力多达上千万。第4代战争的基础是庞大的陆军，在这期间发生过500多次战争

战场从二维发展到三维，战争范围已经超出国界，军队指挥更加复杂，司令部成了有威信、被授予很大权力的指挥机关。

和大规模武装冲突，所依靠的就是巨大的人力资源，投入的有生力量、武器装备、军事技术装备和弹药的数量都相当大，武装斗争的激烈程度和人员伤亡率很高。部队实现了摩托化、机械化。空地协同，步炮、步坦协同，“闪击战”、“围歼战”、“坦克大会战”等新的作战样式纷纷出现。在海上，利用航母编队进行作战，以及进行潜艇战和反潜战。空军的发展，使战场从二维发展到三维。在军事理论方面，先后出现了“空军制胜论”、“装甲制胜论”、“总体战”和“大战略”等学说。

这两次军事革命，就战争的形态来说，都属于机械化战争的范畴，在这半个多世纪中机械化战争逐步成熟，规模由小到大，本质上没有什么区别。

与以前的历代战争相同，战争毁伤的主要目标是对方的武装力量，因为只有粉碎对方的武装力量，才能破坏其境内的经济，然后推翻对方的政治制度，取得最后胜利。

由于战争已经由平面发展为立体，数以万计的军队规模，战争范围已经超出国界，军队指挥更加复杂，特别是第2次世界大战，“闪击战”的出现，军队机动迅速频繁，协同动作复杂，作战消耗巨大，没有严密的组织指挥军队，就不可能顺利地遂行作战任务。这时司令部成了有威信、被授予很大权力的指挥机关。司令部也健全了各种勤务机构。

这个时期，本来就是落后的农业国家的中国，又处于内忧外患之中，很难跟上世界军事革命的潮流。但以毛泽东为代表的中国共产党人，基于对当时国际国内政治、经济的洞察和把握，创立了符合客观实际的军事思想和战略战术，弥

20世纪中期以来，火箭核武器的出现，构成了第5代战争的基础。

补和克服了武器装备方面的不足，取得了抗日战争和人民解放战争的胜利。

2.5 第5次军事革命和第5代战争

第5次军事革命，发生在20世纪40年代至80年代，又称为“核时代”的军事革命。

20世纪中期以来，火箭核武器的出现，构成了第5代战争的基础。导弹核武器研制成功并装备部队，导弹核战略部队成为一个新的军种，核战争成为新的作战样式，在核条件下的常规力量体制编制、作战方式也有了新的变化。在军事思想方面，出现了核战争理论和核威慑理论。核战争中毁伤的首要目标不仅仅是武装力量，实际上是交战双方领土上的重要目标和所有居民同时被毁伤。在第2次世界大战后期，美国向日本投下了两颗原子弹：1945年8月6日和8月9日，分别投在日本的广岛和长崎。投在广岛的约为1.5万吨TNT当量，广岛当时有30万人，伤亡达14.4万人，其中死亡约6.8万人，有67%的建筑物被毁坏；投在长崎的在2万吨TNT当量以上，长崎当时有20万人，伤亡达5.9万人，其中死亡3.8万人，有约40%的建筑物被毁坏。

由于核武器巨大的破坏力和杀伤力，从它一出现就遭到全世界人民的强烈抵制，所以真正的核战争并没有发生过，但核武器的存在对常规武器的发展产生了长期的影响，人员的装备和武器都必须考虑能够适应在核条件下作战和行动，防原子、防化学、防生物武器（即所谓“三防”），不仅是对武器

新中国紧紧地跟上了这次军事革命的步伐。1964年成为第3个拥有核武器的国家。在卫星与火箭技术方面也迅速地步入了世界的先进行列。

装备的要求,也成为部队训练、研究战术的重要内容。另一方面,存在就意味着有使用和发生核大战的可能,进入核时代以来,由于长期的核对抗,导致了两大对抗体系之间长期的“冷战”。核武器本身则朝着大和小的两个方面发展,大的爆炸威力已经达到广岛时的100多倍,只能用大型轰炸机投放或由远程火箭运载;小的则在发展战术核武器,力图用常规武器,如火炮发射(参见图2.4)。

图2.4 原子弹爆炸时形成的蘑菇烟云

新中国成立后,虽然又经过了3年的抗美援朝战争,在人口多、底子薄、经济发展处于十分困难的刚起步阶段,但却紧紧地跟上了这次军事革命的步伐。1964年成功地进行了

第6次军事革命,背景是信息技术的发展,核心是新的信息技术在军事领域的广泛应用。

第1次核试验,成为第3个拥有核武器的国家,并郑重表明:我们拥有的目的正是为了防止核武器的使用。同时,在卫星与火箭技术方面也迅速地步入了世界的先进行列。

2.6 第6次军事革命和第6代战争

第6次军事革命,开始于20世纪90年代,就是目前正在进行的新军事革命。海湾战争是这场新军事革命的起点,1993年起,美军开始称"新军事革命",1997年5月又提出了军事革命的方针和思路。背景是信息技术的发展,核心是新的信息技术在军事领域的广泛应用。信息化的弹药、信息化的作战平台、信息化(数字化)的军队和 C^3I 指挥控制系统,加上太空技术、卫星技术、计算机和网络技术,引起了作战方式的变化,以及为适应这种变化,而在军队规模、编制体制、军事理论、战略战术、兵役制度等方面所发生的一系列剧变。新的军事革命追求信息技术优势,以信息化战争取代机械化战争,计算机和网络技术在战争中得到广泛运用。

上个世纪末以来,世界上发生的科索沃战争、阿富汗战争和伊拉克战争,是在新的军事革命开始后发生的,初步带有新一代战争的一些特点。人们都在从科学技术、军事技术、军队和武器装备的发展趋势上来探讨第6代战争。

可以认为:第6代战争与以往不同的是,作战目标并不是粉碎和消灭对方的武装力量,而在于摧毁敌方的经济、军事设施、指挥与控制系统,迅速使对方瘫痪、瓦解,战争具有短暂、紧凑、快速的特点。作战行动向精确化、小型化方向发

第 6 代战争作战目标并不是粉碎和消灭对方的武装力量，而在于摧毁敌方的经济、军事设施、指挥与控制系统，迅速使对方瘫痪、瓦解，战争具有短暂、紧凑、快速的特点。

展，战斗的可控性提高。战场变得广泛，包括陆、海、空、天（太空）、电磁等领域，一体化的联合作战程度高，而作战力量配置密度小，战场更加透明，作战伤亡较第 4 代战争要小，但战争消耗与损失增大、代价昂贵。作战方法将是实施强大的信息突击和各种远、中、近程高精度武器的密集突击，在很大程度上以非接触方式进行的战略规模的战争。

3 现代科技引发现代武器装备的发展

武装力量是国家或政治集团所拥有的各种武装组织的统称,国家的武装力量是国家国防力量的主体。军队则是国家或政治集团为了准备和实施战争而建立的正规武装组织,是执行政治任务的武装集团。

武装力量永远是进行战争的工具,也是保卫和平的工具。人类历史上的和平大体上可区分为两类:一是达成一致协议(或在相互制约、威慑下默认的)的和平,二是强力施加的和平。和平又必然包含战争的潜在威胁,所以军队或武装力量的建设至关重要。

武器装备是指用来实施和保障作战行

武器装备的水平反映军队的质量与作战能力，并产生相应的军事理论、军事学术和作战的方式方法。

动的武器、武器系统和军事技术器材，主要包括武器、弹药、车辆、器材、机械、装具等。武器装备是进行战争的重要物质基础，是军队战斗力的重要组成部分。

武器装备随科学技术的发展而发展，在人类的不同历史时期，都有与其科学技术水平相对应的武器装备，从原始简单的木棍、石块、长矛、大刀、盾牌到枪、炮、舰艇、飞机、坦克、战车，从电话、无线电到导弹、直升机、火箭、航天兵器，由单一的兵器到武器系统和一体化的武器系统，进而到武器系列，已经走过了一段漫长的发展道路。

武器装备的水平反映军队的质量与作战能力，并产生相应的军事理论、军事学术和作战的方式方法。

3.1 现代作战平台

在现代武器系统中，具有运载功能并可以作为火器依托的载体部分称为作战平台，如舰艇、飞机、坦克、步兵战车、直升机等武器系统中除火器之外的部分。实际上，平台与其所载的火器是不可分的，应该是由平台与火器构成一个完整的武器系统。当然，同一平台可以与不同的火器相搭配构成不同功能与用途的武器系统。

根据使用环境与条件的不同，作战平台可以区分为陆(地)基、空基、太空基和海(水面、水下)基等几类。陆基作战平台包括坦克、战车、自行火炮、导弹发射装置等。空基作战平台主要有各类作战飞机、无人驾驶飞行器和直升机。太空武器目前主要是一些侦察、监视和定位卫星。海基则主要是

现代作战平台都是多功能的，一个平台上往往装有多种武器装备，如目前的战车，除了有火炮、机枪外，还装有反坦克导弹、高射机枪、防空导弹和通信等设备。

一些舰艇。

先进的作战平台，不仅要具有很快的机动速度，相当的行程或航程，还必须具有在不同状态（运动、静止）、不同环境（各类地形、区域，昼夜不同时间，各种气候等）下进行作战或发射的能力。而且还必须是信息化的，具有良好的通信与信息处理能力，使自己成为作战网络中的一个节点，让更多的作战平台成为联合一体行动的有机部分。信息的获取与处理包括：迅速定位，数据处理，目标识别、选择与锁定，发射诸元的计算与装定，发射后效果的获取与评估等。同时，一些先进的作战平台都具有很好的伪装能力，如一些隐形武器系统。除了隐形战机外，近年来，一些国家在隐形技术开发方面取得了突破性的进展，美、俄、英、法、德、瑞典等国相继研制出隐形战车、隐形舰艇、隐形导弹等多种隐形作战平台。

现代作战平台都是多功能的，一个平台上往往装有多种武器装备，如目前的战车，除了有火炮、机枪外，还装有反坦克导弹、高射机枪、防空导弹和通信等设备。海上的作战平台——军舰，本身都是一个能够独立完成各种作战任务、具有多种功能的作战单元，包括海战，遂行火力突击，支援陆地作战，进行防空作战，电子战和信息战等。

3.2 精确制导武器

制导武器最早使用于战场是在第 2 次世界大战中，1943 年 5 月 12 日，英国空军“自由号”巡逻轰炸机投下了 1 枚声寻鱼雷，击中了德国的 U-456 号潜艇，使其浮出水面

精确制导武器是现代出现在战场上的具有实战应用和威慑双重作用的武器。

被击沉。德国、美国还使用无线电、雷达等各种原始的制导武器，攻击工业设施、桥梁和运输船只等目标。20世纪50年代，一些国家发展并装备了反坦克导弹、空空导弹和地空导弹，并从50年代后期用于实战。20世纪60年代出现的激光制导炸弹，它的平均圆公算误差不到6m，而且能够在敌人的防空火力圈外进行投掷，使自己可以免遭攻击，开创了空中打击地面目标的新局面。这种炸弹在1968年用于实战。1972年5月13日，美空军的11架F-4"鬼怪"式飞机使用激光制导炸弹，炸毁了北越的清华桥，在此前的7年中，美军几十架飞机和飞行员葬身于此，但桥梁仍然完好无损。

随后，空对舰、舰对舰等反舰制导武器也得到了迅速发展，1967年10月25日，埃及从导弹艇上发射4枚"冥河"式反舰导弹，击沉了在塞得港外24km处巡逻的以色列驱逐舰"埃拉特"号，造成99名以军人员死亡。1982年5月4日，在英阿马岛战争中，阿根廷空军的两架战机使用从法国买来的"飞鱼"式导弹袭击庞大的英国远洋特遣舰队，一举击沉了英国舰队中当时最先进的"谢菲尔德"号驱逐舰，舰上20人丧生，许多人受伤。此次战争中，阿根廷共发射5枚"飞鱼"式导弹，其余4枚也都击中了目标，两艘英国驱逐舰被击沉。事后，英国的军事专家也直言不讳地承认，如果当时的阿根廷拥有20枚"飞鱼"式导弹，如果当时英国派去的两艘航母中有一艘被击毁的话，拥有海上、空中和地面绝对优势的英国在那次战争中也必败无疑(见图3.1)。

精确制导武器是现代出现在战场上的具有实战应用和威慑双重作用的武器。以红外、激光、卫星定位等为代表的精确打击武器已经发展了 3 代，一些发达国家的军队已经装备了第 2、3 代，正在研制第 4、5 代。

图 3.1 “飞鱼”反舰导弹

先进制导技术的日渐成熟，促成了精确制导武器的迅速发展。据报道，目前世界各国竞相发展的精确制导武器已达 700 余种，包括导弹和精确制导弹药两大类型。其中主要的是地地战术导弹、巡航导弹、防空反导导弹、空空与空地（舰）导弹、反坦克导弹和灵巧弹药等。有的技术先进国家，精确制导武器已占武器总量的 80%，为实施精确打击提供了有力的物质保证。从使用情况看，精确制导武器的使用率正迅速上升，从海湾战争到伊拉克战争的短短 10 余年内，精确制导武器的使用率由 8%迅速上升到 90%以上。

从 70 年代开始，精确打击武器已经发展了 3 代，一些发达国家的军队已经装备了第 2、3 代，正在研制第 4、5 代。第 1 代是射手发射后，必须跟踪瞄准目标，进行不间断的控制直至命中目标。第 2 代称之为“发射后不管”的兵器，能够自动瞄准目标，自动寻的。第 3 代精确制导武器，只要确定目

无人的武器系统是对有人系统的补充，可能部分地取代有人系统，但不能完全代替有人系统。

标，不必瞄准，发射后能够自动探测、识别、跟踪，直到命中目标。一些国家正在研制的第4、5代精确制导武器是采用人工智能技术，除能够自动寻的攻击目标外，还具有一定的逻辑判断、对比识别能力，在实施攻击时，不仅能够进行威胁判断、多目标选择和自适应抗干扰，还能够自动选择最佳命中点，自动寻找目标最易损、最薄弱、最关键的部位。

目前，精确制导武器的发展趋势：一是增大射程，以实现防区外（非直接接触）交战和对敌人实施全纵深的超远程打击能力。美国的“战斧”巡航导弹，原设计射程仅300km，经过多次改进，现已达2500km。西方国家还十分重视发展机载的防区外导弹。根据防空武器的发展，普遍认为防区外攻击导弹的射程应该在250km以上。二是提高制导精度，采用新的或复合的制导方式，提高导弹的制导精度和抗干扰能力，并力求全天候使用。三是降低导弹的成本。四是发展小型精确制导弹药，更小、更轻、更灵巧，但破坏力相差无几。五是解决打击运动目标的问题，实现侦察、指示目标、摧毁目标全过程的自主化。

3.3 无人武器

技术发达国家在21世纪将组建遥控机械化部队，或建造完全自主的车辆、飞机和海军系统，无人系统最初是代替人执行侦察、探测、扫雷清障、压制敌人防空系统和战果评估等危险任务，2010年后，会有更多的机器人参加作战。无人的武器系统是对有人系统的补充，可能部分地取代有人系

目前技术先进的国家正在大力发展无人作战飞机。

统,但不能完全代替有人系统。发展无人武器系统的目的是为了减少人员的伤亡,既是作战的需要,又具有技术上的可行性,是一种发展趋势。

(1) 无人驾驶飞机

世界各国都在大力发展无人驾驶飞机,简称无人机,其航程目前达930km,续航时间为20h,使用电视和红外探测装置,能够为战区指挥官提供近于实时的图像。高空无人机,飞行高度在20km,续航时间40h,在目标区达24h,航速345节,作战半径为5600km。战术无人机系统,每套系统包括3架装备有成像装置的无人机,两个安装在车辆上的地面控制站,在车辆后面的拖车上安装发射、回收与支援装备。飞行距离为125～200km,速度为75～105节,飞行高度4500m,续航4h,全重159kg,采用重量达27.3kg的电子/红外探测装置。该型无人机装备在旅一级。除发展小型螺旋桨式无人机外,重点在研制垂直起降的无人机。在水面舰只常装备若干架飞机时必须装4架无人机,并构成三层空中平台,一是上层,高空用大的无人机,二是中层,以中型无人机和舰上的有人驾驶飞机,留空时间应该在10h以上,与有人机相配合使用更小更精确的制导武器,每次出动交战的目标将比现在多15～20倍,该层是海军作战的重点区域。三是下层,用小型无人机。

目前技术先进的国家正在大力发展无人作战飞机,一是使用现有的如F-16或A-10战机,改装成无人作战飞机。二是研制新的专用的无人作战飞机。无人作战飞机具有许多优点:可以在核生化条件下作战,不用飞行员冒险;没有座

无人机存在的问题是通信易被干扰，易受敌防空系统攻击。

舱，便于隐形设计，减少雷达反射截面；可以进行高速度机动，便于避开对方导弹的攻击；成本是联合攻击机的1/3；每个操作人员可以控制4架无人作战飞机，与常规飞机相比，飞行操作和支援费用节省80%。图3.2是新型的无人机。

图3.2　X-45A型无人驾驶飞机

无人机存在的问题是通信易被干扰，易受敌防空系统攻击，在科索沃，北约共损失20多架无人机，几乎是常规飞机的5倍，一些是被防空导弹击落的，另一些则是操作问题所致。此外，操作控制、空中加油和紧急情况的处理等问题也有待解决。

（2）地面无人系统

主要是各类机器人。机器人系统可能是改变未来战争的真正要素。“20世纪的核心武器是坦克，21世纪的核心武器可能是无人系统。”

发展地面机器人，能够减少士兵的风险，降低战斗车辆

发展地面机器人，能够减少士兵的风险，降低战斗车辆的重量和体积，减少对后勤的要求与压力。

的重量和体积，减少对后勤的要求与压力。发展作战机器人，要求在技术上必须解决：机器视力算法，高分辨力探测装置及探测装置融合算法，用于指挥和控制的直接或间接发射的机器人系统网络，高速机器人导航，抗干扰网络，指挥控制分布式系统的网络安全，机器人探测装置的控制等。

正在研究新型的步兵用机器人，可能出现包括能够携带150～300kg货物及防区外探测装置、轻型武器和通信装备的高级机器人。机器鸽或啮齿类侦察员机器人，它们只有1kg重，能够携带100g荷载，成本只有5000美元；如装载为1kg，则成本要50 000～75 000美元，可以执行监视或爆破任务。图3.3是一种地面机器人。

图3.3　可携带侦察设备和炸药的机器人

执行随机巡逻任务的机器人，能够探测 100m 外的入侵者、报告突发事件，加上保安人员就构成了一个完整的安全系统。

还有一种地面监视哨兵、装弹机器人，包括微型无人机、无人地面车和无人地面系统。无人地面系统是一套小型、便宜、无人值守的探测装置，属于大面积探测系统，采用声、磁、震动、非冷却红外技术，由蓄电池供电，能够昼夜进行监视，用无线电传输信息。还有能够在指定的地点（如仓库、物资存储地点）执行随机巡逻任务的机器人，能够探测 100m 外的入侵者、报告突发事件，加上保安人员就构成了一个完整的安全系统。

(3) 海事无人系统

如“远期水雷侦察系统”，使用完全自主的潜航器。有些军队将在攻击型潜艇上装备这种系统。完全自主的潜航器从鱼雷管发射和回收，可以重复使用。它能自主导航和控制，处理数据，与潜艇通信和躲避障碍。还能携带探测器，探测、定位并清除水雷。

一些国家正在积极发展水下机器人系统，提出使用太阳能或波能为动力，让航程不受限制。

3.4 隐形武器

隐形武器从 20 世纪 60 年代起，已经走过了探索和发展阶段，到 20 世纪 90 年代开始步入了应用阶段。随着隐形技术的成熟，出现了第 2 代、第 3 代隐形飞机、导弹、舰艇和直升机，甚至弹药、地面设备、服装和机场也开始应用隐形技术，以降低被观察和探测跟踪的概率，提高生存能力。

一种能以5倍音速飞行的高超音速隐形战略轰炸机正在设想研制中。

(1) 隐形飞机

20世纪80年代开始发展的第2代隐形轰炸机,主要执行战略轰炸任务,不经空中加油能够飞行6000km。这种飞机的雷达散射截面(RCS)只有0.057m^2,仅相当于天空中一只飞鸟的雷达反射截面。其整体外形光滑圆润,毫无"折皱",不易反射雷达波,驾驶舱呈圆弧形,照射到这里的雷达波会绕舱体外形"爬行",而不被反射回去。密封式玻璃舱罩呈一个斜面而且在制造时就掺有金属粉末,使雷达波不能穿透舱体造成漫反射。机翼后掠33°能够减少雷达波的反射与折射,机翼前缘的包覆物后部有不规则的蜂巢式空穴,可以吸收雷达波,机翼后半部两个W形,可使来自后方的雷达波无法反射回去。无垂直尾翼,减少了飞机整体的雷达反射截面。机体下方没有外设武器舱和武器挂架,连发动机舱和起落架也全部埋入平滑的机翼之下,从而大大降低了雷达波的反射。为了隐形的需要,发动机的进气口被放在机翼的上方,呈S状,可让入射的雷达波经多次折射后,自然衰减;发动机的喷嘴则深置于机翼之内,也成蜂巢状,使雷达波能进不能出。除主梁和发动机机舱使用钛复合材料外,其他部分全用不易反射雷达波的碳纤维和石墨复合材料制成。在机翼的前缘全部包覆了一层特制的吸波材料(RAM)。机体上喷涂了特制的吸波涂料。在它的发动机构件中还装有气流混合器,以降低发动机的外部温度。喷嘴部分呈宽扁状以增大散热面积,减少了红外暴露信号。

一种能以5倍音速飞行的高超音速隐形战略轰炸机正在设想研制中,它外形新颖,状如蝙蝠,机身、机头和机翼浑

发展隐形舰艇的国家较多，如美国、俄罗斯、瑞典、法国、英国、印度等。

然一体，突出了速度、隐形和强大的攻击力。图 3.4 是美军的 B-2 隐形战略轰炸机。

图 3.4　B-2 隐形战略轰炸机

（2）隐形舰艇

对于舰艇的探测，除了探测雷达和红外线之外，还有来自舰艇本身的噪声，特别是在水下活动的潜艇。

发展隐形舰艇的国家较多，如美国、俄罗斯、瑞典、法国、英国、印度等。采用的隐形技术主要有：一是通过外形设计和采用吸波材料降低雷达波的散射截面，如以曲面结构取代平面结构，舰体与舰艇的上层建筑采用圆弧形，减少外露的武器和设备等。二是采取防声纳探测措施，尽量降低本身发出的噪声和控制噪声传播的途径。舰艇外壳安装消声瓦或涂上吸收对方声纳声波的涂层，降低与屏蔽自身噪声等。三是对付红外探测，舰艇的红外辐射源主要是烟囱、主机舱及排放的废气、热水、灯光和舰体外表的热辐射等，如将主排气

隐形导弹是伴随隐形飞机而发展的，目的是降低被拦截概率，提高空防攻击能力。

口设置在水线以下，在废气管路四周加装冷空气管路，向发动机或舱壁之间喷射冷空气，为烟囱加装冷却或隔热吸热装置等。目前，各海上强国都在利用各种隐形技术改装他们的战舰。

(3) 隐形坦克与战车

当前采取的主要技术措施有：一是利用对光波、雷达波反射能力弱，可塑性好，隔热的复合材料代替金属制造坦克的车体和炮塔。二是降低坦克的红外辐射，使用效率高、热损耗较小的发动机，如绝热陶瓷发动机，在燃油中加入添加剂，使排气的红外频谱处于大气窗口之外，采用先进的坦克冷却系统，降低坦克的温度。三是发展隐形涂层，如坦克在使用三色或四色迷彩隐形后，微光仪器探测概率由75%下降到33%，变形迷彩代替了保护迷彩，高技术迷彩取代了普通油漆，新近研究成功的热红外隐形涂层、吸收雷达波涂层、激光隐形涂层以及全波谱隐形涂层等。四是降低坦克的噪声，采用噪声小的发动机和隔音、消音技术，采用挂胶负重轮和装有橡胶垫的履带等。

(4) 隐形导弹

隐形导弹是伴随隐形飞机而发展的，目的是降低被拦截概率，提高空防攻击能力。一种隐形战略空射巡航导弹，采用独特的隐形气动外形布局，具有外表光滑的扁平弹体、尖楔头部和扁平尖楔尾部，一对折叠式水平尾翼位于弹体尾部两侧，一个折叠式垂直尾翼在弹体尾部下方。弹体与翼面均采用吸波复合材料和吸波涂料，因此，它的雷达散射截面只有0.005m^2。发动机装在弹体中部、弹翼后下方，尾喷口位

定向能武器也叫射束武器，是利用沿一定方向发射与传播的高性能射束攻击目标的一种新原理武器。

于扁平尖楔尾部组件内部，使发动机尾部喷流的红外特征信号减小。

一种远程多用途巡航导弹，射程600km，飞行速度为0.65倍音速，飞行高度30m，命中精度为1m，战斗部重400kg。它的隐形措施有：采用方截面弹体；头部采用尖点棱锥形；弹翼为后掠大展弦比的上单翼，V形翼展；采用陶瓷吸波材料和小平面散射体，使雷达波照射后产生大漫射，不能形成集中回波。它将装备在"阵风"和"幻影-2000"飞机上，随后再装备到水面舰只和潜艇上。

(5) 隐形直升机

采取的措施主要有：一是缩小尺寸，采用阶梯式纵列座舱，细长机身，小直径旋翼。如美国的AH-1G"休伊眼镜蛇"武装直升机机身宽只有0.91m。窄机身减少了被目视和雷达探测的机会。二是涂保护色。如涂上草绿色或土黄色进行伪装。三是减少反光。如座舱盖采用平板玻璃，增加旋翼桨的叶片数。四是降低噪声。针对噪声源主要来自旋翼、尾桨和发动机，采取降低桨尖速度，用后掠桨尖，尾桨采用剪式布局等。五是采取吸波措施。六是抑制红外。如在发动机的排气口上安装红外抑制器。

3.5 定向能武器

定向能武器也叫射束武器，是利用沿一定方向发射与传播的高性能射束攻击目标的一种新原理武器，主要有激光武器、高功率微波武器与粒子束武器。

目前,战术激光武器已经具备了作战能力。

(1) 激光武器

激光毁伤是基于对目标加温使其达到熔化或汽化的温度,使目标的敏感元件毁坏,对人则造成致盲或烧伤等伤害。目前研制出的激光主要有4种类型:化学激光、电子激光、核激光(带核能)以及带自由电子的激光。根据激光武器所在位置的不同,可以区分为陆基、海基、空基和天基激光武器系统。小功率和中等功率的激光武器可以破坏观察器材、武器的引导装置,毁伤观察人员的眼睛。大功率的激光武器能够加强低空防空系统的能力,使光学电子仪器和战场上的重要设施失灵、瘫痪,或烧穿弹道导弹的外壳并将其摧毁,并能破坏位于飞行轨道上的低空航天器。正在研制的激光武器,可以保证进行200次射击,经空中加油后,还能够追加140次射击,用于摧毁拦截在助推加速阶段的弹道导弹,以及在300~600km的距离范围上,摧毁高度在11 500~12 000m的高空轨道上飞行的低空航天器。目前,战术激光武器已经具备了作战能力。

(2) 粒子束武器

粒子束武器毁伤因素是高能带电粒子(电子等)或中性粒子(中性氢原子等)锐利导向光束。其杀伤破坏作用是辐射与热机械综合性的,采用X射线辐射引爆,强化热能作用和冲击机械负载。光束武器能够摧毁低空飞行的飞机、直升机和巡航导弹的外壳,通过使机载电子装备失灵和报废的方法毁伤弹道导弹和航空器。钢和钢筋混凝土构筑的地表工事,如果位于其直视视距上时,会于瞬间被击穿,其内部的人员也会被放射性照射杀伤。该类武器的优点是能量散射及毁伤的时间

电磁辐射与光束能辐射不同，它可以同时毁伤多个目标，造成“地区辐射”。

为“零”，从一个目标转向下一个目标瞄准转换无惯性，毁伤精度高。存在的问题是只能按顺序对单个目标实施毁伤。

（3）高功率微波武器

又称射频武器，是利用定向发射的高功率微波束毁坏电子设备和杀伤人员。其特征是将高功率微波源产生的微波经高增益定向天线发射出去，形成高功率、能量集中具有方向性的微波射束，使之成为一种杀伤破坏性武器。它通过毁坏电子元器件、干扰电子设备来消除对方武器的作战能力，破坏敌方的通信、指挥与控制系统，并造成人员的伤亡。其主要作战对象是雷达、预警飞机、通信电子设备、军用计算机、战术导弹和隐形飞机等。它能瘫痪敌方的指挥机关和战略设施。微波武器兼有软、硬两种杀伤手段，是电子战中重要的武器，一枚微波弹，就能够同时破坏敌防空导弹阵地的侦察雷达，其效果与常规手段所需的多架飞机发射多枚反辐射导弹相同。用微波武器攻击敌方机场，能够同时破坏其通信设备、导航设施和飞机上的电子设备。

3.6 电磁武器

电磁辐射从核试验开始就被视为一种杀伤因素。电磁辐射与光束能辐射不同，它可以同时毁伤多个目标，造成“地区辐射”。电磁辐射武器主要有超高频微波武器、射频武器和微波武器。

（1）超高频微波武器

超高频微波武器通过其动能和信息影响导致目标物的

小功率射频武器刺激人体时，会使人体器官，尤其是心血管和神经系统发生变化甚至遭到破坏。

毁伤。由于超高频的频率和功率强度，其辐射可破坏人的大脑机理和神经中枢系统，引起难以忍受的噪声和啸声，刺伤内脏器官。最有发展前景的是超高频发生器，可以对无线电电子器材的工作实施强干扰。

（2）射频武器

能够对无线电电子器材、半导体电路中的电流脉冲实施引导，在150km甚至更远的距离上使该电路报废。小功率射频武器刺激人体时，会使人体器官，尤其是心血管和神经系统发生变化甚至遭到破坏。

（3）微波武器

对无线电电子系统毁伤效果最佳。在其作用下，任何电子系统的工作都会遭到破坏，该武器采用相控阵天线功率约100W的磁控管和调速管最有发展前途，可以致瘫敌空降场、导弹发射基地、指挥中心及导航系统，摧毁敌军队的指挥和武器控制系统，破坏对方安装在制导武器上的引导系统。

3.7 等离子武器

研制能够在大气层中发现并毁伤弹道导弹的战斗机、直升机、巡航导弹的“等离子盾牌”的想法，是由俄罗斯首先提出来的。超高频（或光）发生器、定向天线和电源等构成等离子武器的组成部分。其作用原理是，超高频电磁能或激光发生器的射束或光束聚焦于大气层，高电离空气云——等离子凝聚在这个焦点上，飞机、导弹弹头等飞行体与这种等离子

心理武器是指对人的心理和意识进行程序设计或控制的方法。

云遭遇时，将偏离飞行轨道，在巨大的超负荷作用下毁坏。这种情况的出现是由于飞行体表面压强急剧下降及飞行物的惯性力所致，实际上，目标是被自身的动能所摧毁的。

等离子武器能够以最高的精度同时摧毁对方单个突击、集群突击和密集突击的多个目标，并不对其进行真假识别和选择，可以保证对来自太空或空中的各类目标进行攻击。

3.8 心理武器

心理武器是指对人的心理和意识进行程序设计或控制的方法。目前许多国家都在进行研究，其内容主要有：

（1）异常感觉的感知。对客体的特性、状态、音响、气味和人的思维感觉，这种感觉的产生不需要与客体接触，也不通过正常的人的感觉器官。

（2）心理感应。人的思维和心理状况在一定距离上的传递。

（3）先见之明。对视觉通视范围之外的客体（目标）进行的观察。

（4）心理干扰。借助于思维干扰对物理客体施加影响。这种影响会引起客体的移位或损坏。

（5）遥控干扰。可使身体处于静止状态的人转移其思维。

所谓“生物机器人”是一种非常复杂的程序。只能在与被单独控制的人的直接接触中进行，实际上是确定个体心理

电子计算机在军事领域的广泛应用，产生了新的用于作战的信息武器，其毁伤效果也会越来越大。

典型，采取多级复杂的催眠泪刺激方法；使用能够改变大脑神经动力构造的辐射进行生物物理控制、对中枢神经系统的特种生物化学刺激、生物能刺激和心灵感应刺激。将这一系列刺激编成密码。"生物机器人"对个体人进行犯罪操作，如果预先使这种操作实现严格的程序化，那就会出现不太像正常人的生物机器人。今天的"生物人"往往由专家确定，它们平时的行为举止完全正常，从而不会引起人们的怀疑。被施加心理程序的人，会改变原来的信仰，从事有损于国家或民族的活动。

心理武器发展的目标是达到能够控制人的行为的水平，并进一步来控制或操纵集体人的行为。目前，能够以光(粒子)束定向杀伤人体的致命器官，如呼吸系统、心血管系统、神经传输系统的战斗心理发生器已经问世，并在一些国家开始装备部队。这种战斗心理发生器能够渗入人的知觉意识，准确地诊断人的心理和身体状况并进行调节。

3.9 信息武器

电子计算机在军事领域的广泛应用，产生了新的用于作战的信息武器，其毁伤效果也会与计算机技术的飞速发展一样，越来越大。

目前，对计算机系统的专门毁伤可以区分为以下几种：

(1) 预先获取重要领域，如武器、指挥、通信、制导等系统的程序，干扰破坏其电子计算机的功能；按时间段，根据对方的特种信号或其他方法导致其程序出现故障、失灵，且让

能够引起环境灾害，如暴雨、海啸、地震或破坏大气层中保护植物或动物免遭紫外线照射的臭氧层的手段等都属于地球物理武器。

对方认为是自然故障。

（2）潜入对方的电子计算机的通信渠道，向其加载虚假情报。

（3）通过间谍通信渠道或其他方法给电子计算机系统设置病毒、逻辑程序和隐蔽程序等，造成系统瘫痪。计算机病毒将是计算机网络战的主要进攻手段。

（4）制造电子计算机故障，并使用大功率超高频微波辐射、电磁脉冲或其他途径销毁存储在电子计算机中的情报与信息。

正在研究使用方法非常简单的“病毒炮”，它将计算机病毒采用无线或远距离的注入方式，来瘫痪对方的指挥系统。它给对方造成的损失会超过传统武器和部队行动的效果。

为了对武装部队和全体居民施加影响，将来会使用太空转播站进行系统转播，专门针对人的情绪以及其感受范围。这对那种社会文化水平不高、情报信息来源不畅以及对这种行动没有准备的人群效果较好。

3.10 地球物理武器

能够引起环境灾害，如暴雨、海啸、地震或破坏大气层中保护植物或动物免遭紫外线照射的臭氧层的手段等都属于地球物理武器。主要区分为气象武器和臭氧武器。

（1）气象武器

典型的是用火炮或飞行器在云中播撒碘化银或碘化铅

次声振荡能够穿透混凝土和金属屏障，因此，次声发射器是对掩体内和战场上技术装备内的有生力量实施杀伤的最有效的武器。

等化学物质，从而诱发某一特定地区出现暴雨灾害。

还可以对某一地区的天气，用超高频微波装置、无线电射频装置等施加影响，以引发暴雨、海啸、大雪或地震，在形成灾害的同时，还能够限制敌方兵力兵器的机动。

气象武器可以引起地区性的气象变化，甚至能够造成中纬度地区的年平均温度低于1℃，破坏该地区内的生态平衡，造成粮食颗粒无收而导致饥荒。

(2) 臭氧武器

能够在选定的敌方地域上空臭氧层中设置人工“窗口”。由于地球是在不断地运转，这些“窗口”也会给其他的国家或地区造成灾难。根据技术原理，能够破坏臭氧层的振荡器的作用类似于超高频微波武器，其使用结果也与气象武器相似。

3.11 次声波武器

通过次声振荡对人体及其心理产生影响的研究工作表明，次声能够对人的感觉器官和人的内脏器官产生刺激和伤害作用。小频率、小功率的次声刺激会引起人们不由自主的警觉、恐慌、害怕或惊惶失措；在使用大功率次声时，会使人的心理意志遭到破坏，甚至出现癫痫病的症状，在某些情况下还可能致命。

次声振荡能够穿透混凝土和金属屏障，因此，次声发射器是对掩体内和战场上技术装备内的有生力量实施杀伤的最有效的武器。根据“声音炸弹”原理制造的新型次声武器

将明显具有毒性的遗传基因物质植入人体的有毒细菌或病菌中，便能够得到细菌武器。

可能成为具有“地区作用”的强大武器。这类武器在产生强振辐瞬时脉冲时，会引起不同工事设施和人体的共振现象，对敌有生力量和设施形成损伤和破坏，其效能并不亚于立体爆炸武器。

3.12 基因武器

发展遗传基因的研究早在20世纪70年代就已经成为可能，当时就能够做到使核糖核酸脱氧，为遗传基因信息载体的重新组合提供了可能。借助于生物基因遗传工程可以得到人、动物、植物源的剧烈毒素，将明显具有毒性的遗传基因物质植入人体的有毒细菌或病菌中，便能够得到细菌武器。细菌武器能够在较短的时间内引起严重的流行病，杀伤人群或致死。

具有这种杀伤作用的武器还有“内分泌系统毁伤武器”。其作用是损害生殖系统，导致内分泌系统器官的功能严重紊乱，且作用时间长，能够较快地使其丧失战斗能力甚至死亡。这种武器特别危险，是由于它能够在和平时期使用，而且无法证明居民中出现的一些不知名的流行病由何而来，使用这种武器的障碍是现行的一些国际协议。

3.13 生物战武器

进攻性生物战是指使用疾病伤害或杀死敌人的军事力量、平民、庄稼和牲畜，包括通过微生物生产的、能够用常规

生物战剂，一是细菌，二是病毒，三是毒素，如梭菌类腊肠菌毒素、蓖麻蛋白、蛤蚌毒素、葡萄球菌肠毒素等。

弹头，或非军事手段投送的任何活的（或非活的病毒）微生物，或生物活性物质的军事行动。目前，世界上有 10 多个国家已经具有或正在发展生物战武器的能力。

生物战并不是现代发明，罗马人曾使用死的动物感染敌人的水源，目的是感染敌人并削弱其意志，使其容易被挫败。在中世纪的战争中，曾有过将受感染的死人弹射过城墙，利用疫病的流行实施攻城作战的例子。在美洲，法国与印第安人战争期间，使用英国人提供的、从治疗天花病的医院里拿出来的、带有天花病毒的毯子，将当地的土著人全部消灭，而对早有预防的西方移民却没有什么影响。20 世纪 30 年代日本的 731 部队，用活人进行生物战实验，用飞机在中国许多地方布撒鼠疫病菌，造成数千人死亡。20 世纪 50 年代，美国在朝鲜战争中也使用过细菌武器。进行生物武器试验的还有许多国家。值得注意的是一些非法宗教组织、恐怖集团都在极力发展或使用生物武器。日本的奥姆真理教和芝加哥的 RISE 集团就企图利用生物战剂杀死大量的人。

生物战剂，一是细菌，如炭疽、鼻疽、布鲁士菌、鼠疫、Q 热、兔热病菌等。二是病毒，如天花、委内瑞拉马脑炎、病毒脑溢血等。三是毒素，如梭菌类腊肠菌毒素、蓖麻蛋白、蛤蚌毒素、葡萄球菌肠毒素等。不能把所有的生物战剂都归为一类，因为它们都很不相同，有的传染，有的不传染。一些化学战剂在作用方式、使用方法上也难以与生物战剂严格区分，所以有时被统称为“生化武器”。通常，生物战剂是一种气溶胶，像水蒸气一样，无色无味，看不见、尝不着、摸不到。

日本在中国使用的化学和生物战剂，直到现在，其遗留、散落在各地的这类武器还在伤害我国人民，而且时间越长，识别、发现和处理越困难。

尽管国际上有一些公约禁止使用生物与化学武器，但生物和化学战剂总是在不断地研制与生产，因为它们的原料都可以从合法的渠道得到。这些武器一旦使用，其后果都十分严重，不仅影响正在进行的战争，还将在战后持续相当长的时间，如20世纪30年代日本在中国使用的化学和生物战剂，直到现在，其遗留、散落在各地的这类武器还在伤害我国人民，而且时间越长，识别、发现和处理越困难。

现代科技装备条件下的现代士兵与数字化部队

4.1 现代科技武装的士兵

(1) 简要回顾

士兵是军队的基础,是作战行动最基本的单元,单兵的素质与装备历来是衡量军队作战能力的重要标志。

15 世纪之前冷兵器时代的战争中,作战行动主要是交战双方大量的士兵使用冷兵器、以肉搏厮杀的方式进行,士兵的装备十分简单,以刀、弓、剑、矛、盾等为主,对士兵的要求也限于具有健壮的体魄和在作战方阵中保持一定的队形,当然也必须能够熟练地使用手中的兵器,由马匹或由其他

士兵是军队的基础，是作战行动最基本的单元，单兵的素质与装备历来是衡量军队作战能力的重要标志。

牲畜的直接乘骑或构成战车来提高作战行动的机动力。步兵与骑兵是主要的作战兵种，只是为了能够在江河等水域配合地面作战，产生了船载形式的水军。当时的将帅也都具有直接参加战斗的能力，有时甚至先于士兵投入搏杀，可以说是以体能为主的军队。15 世纪至 18 世纪是黑火药时代，滑膛枪炮取代了刀剑长矛，随着火绳枪、射石炮、爆炸盒和榴弹等多人操作兵器的出现，产生了一些新的兵种。陆地上主要是步兵、骑兵与炮兵。水面上由帆船载炮发展成早期的战舰。虽然散兵线取代了各类方阵，步兵仍然是部队的主要成分，使用火药武器虽然增加了一定的技能成分，但是以体能为主的情况并没有改变。

19 世纪开始了技术与工业革命，在科学技术进步的带动下，军事技术的发展尤为迅猛，产生了众多的门类。社会化的大生产，能够为军队提供具有各种功能和在各种条件下使用的各式各样的武器装备。武器带有很重的机械成分，所以也叫“军械”。军队的武器装备迅速地得到改善，先后出现了线膛枪炮、连发的机关枪、速射炮、战车、坦克与飞机。新的技术作用于战争，涌现了众多新的军、兵种，作战行动的分工更加明确、具体、细致。军队作战能力中虽然也要求体能，但技能的成分在加重，军队控制与指挥的工作日趋复杂，可以说体能、技能并重，具有一定的智能是军队素质的主要标志。这期间人类经历了两次世界大战，第 1 次世界大战后期开始使用坦克；第 2 次世界大战后期则使用了核武器，步兵由摩托化到机械化，整体上提高了军队的机动力、防护力，并可以从战车上得到直接的火力支援。20 世纪 60 年代，出现

在战争的发展过程中，步兵始终是军事行动的主力。

了航天技术，在随后的一些局部战争中，逐渐地使用了远程袭击和精确制导的武器，火力的地位在上升，这期间单兵的装备变化并不大，步枪作用的距离以200m之内为主，杀伤力和准确度在缓慢地提高。

(2) 现代的士兵

在战争的发展过程中，步兵始终是军事行动的主力。即使是高度现代化战场上，要搜查房屋林立的街区、搜集情报、执行特种作战任务或者在坦克与直升机不便进入的封闭地区行动，徒步机动的步兵是不能缺少的。

战争的历史表明：单兵是军队中最基本的作战单元，其能力的大小，是军队战斗力的重要标志。

世界上一些国家的陆军已经启动了若干项"未来士兵系统计划"，尽管这些计划的先进程度有很大差别，研发与装备的时间也不尽相同，但总体上讲所有的计划都是为了大幅度地改善士兵的作战能力与生存能力，提高他们同装甲战车与直升机等作战平台的对接能力。同时，单个步兵作为作战的基本单元，也必须纳入部队整体的数字化进程中去。

科学技术已经发展到了这样一个阶段：电子设备的微型化，材料技术和防护服的进步为士兵的现代化展示了全新的前景，完全可以将那些过去只有飞机或坦克才能拥有的能力赋予单兵。

各国的士兵现代化计划都还遵循统一的基本原则：就是单兵并非独立执行任务，而是作为在特定的环境中执行任务的小组成员，结果是单兵作战能力的提高同时也提高了小组的作战能力。所以，单兵的装备必须考虑小组和环境这两个

美军的"地面勇士"计划将单兵看作一个完整的武器系统。

重要因素。

(3) 美国的单兵现代化计划

美军的单兵现代化计划主要有三项内容:

一是"地面勇士"计划。

美军的"地面勇士"计划始于1991年,该计划将单兵看作一个完整的武器系统,把轻武器和高技术装备结合在一起,着重考虑杀伤力,其次是生存能力和指挥与控制能力(见图4.1)。

图4.1 美军的"地面勇士"系统

新型的轻便防弹服像头盔一样在减少重量的情况下，为士兵提供前胸和后背对近距离子弹的防护。

“地面勇士”由五个子系统构成：

武器子系统　在原 M16/M4 型步枪基础上，增加包括热辐射武器瞄准器、静像摄像机、激光测距仪与数字化罗盘等电子和光学配件，在同士兵个人全球定位接收器结合时，单兵可随时给出自己和目标的位置，便于呼唤火力和进行战斗识别。武器系统是全天候的，再配以其他部件，士兵甚至可以在建筑物的拐角处不暴露自己的情况下向敌人射击。

综合头盔子系统　在不增加重量的情况下，采用高级材料增强头盔的防护能力与佩戴的舒适程度。安装在头盔上的计算机和传感器是联系其他子系统和数字化战场的接口。头盔包括盔壳、支撑装置、增强视频放大装置、头盔显示器、周围听力装置、无线电头盔控制装置、防护面具和电源。通过头盔上的传感器，可以看到计算机生成的图形数据、数字地图、情报信息、部队位置和装在武器上的热辐射武器瞄准器与摄像机生成的图像。热辐射武器瞄准器用来在夜间进行观察地形和侦察敌人。

防护服和个人装备子系统　包括用最先进的自动运行技术设计的可调式背架，能够随士兵的身体运动而弯曲；接入背架的导线和电缆能够连接计算机和无线电。新型的轻便防弹服像头盔一样在减少重量的情况下，为士兵提供前胸和后背对近距离子弹的防护。

计算机和无线电子系统　放在士兵的背架上，还放有个人装备的帆布背包。计算机的处理器和无线电与全球定位系统的接收器相连，通过电线与背包相连的手柄可以充当计算机的鼠标，用来发送数据信息。有些功能由枪支扳机边的

"目标部队勇士"计划在于创建一个轻型、具有超强杀伤能力和完全一体化的个人作战系统。

两个按钮控制，这样士兵可以在射击的同时发出种种信息。计算机子系统的作用是为士兵提供通信、预警、定位和防护等服务。无线电的通信距离为500～2000m，能够与战车、火炮、直升机等进行通信，其听筒可以收听到400m内的人员对话。

软件子系统 它负责处理士兵的核心战场功能、管理显示器等，包括战术和任务支援模块、地图与作战透明图以及抓拍和显示视频图像的功能。

"地面勇士"的Ⅰ型装备计划于2004年装备部队，Ⅱ型装备在动力供应和网络通信性能方面进行一些改进，于2006年投入使用，预计到2014年能够有3.4万套装备提交部队使用，系统的单元造价预计约为7万美元。

"地面勇士"Ⅰ型的个人负重与目前美军个人的标准负重配额相同，为79磅(35.8kg)，如果加上水和弹药则个人负重要达到92磅(41.7kg)，据报道，部署到阿富汗的特种部队人员的实际负荷高达105磅(48kg)。与负重同时干扰这一计划的是动力问题，电池的供电时间难以达到30h，目前Ⅰ型的充电式锂电池供电时间只能达到6～8h，一次性的电池也只能够达到12h。

二是"目标部队勇士"计划。

"目标部队勇士"计划在于创建一个轻型、具有超强杀伤能力和完全一体化的个人作战系统，其中包括武器、从头到脚的个人防护、网络通信、随身携带的动力源和增强的人体机能。目的是提供卓越的单兵和班的杀伤力、生存能力、通信和快速反应能力。它不是取代"地面勇士"系统，而可能成

计划将使单兵的作战能力在今天的标准上增加 20 倍，使一个步兵的作战效能等同于一架 AH-64 阿帕奇战斗直升机。

图 4.2 战场上拥有 GPS 定位系统的士兵

为“地面勇士”系统升级型（改进型Ⅲ）的基础。所不同的是“地面勇士”系统的士兵是使用传统的作战平台，而“目标部队勇士”系统的士兵将使用“未来战斗系统”作战。据说计划将使单兵的作战能力在今天的标准上增加 20 倍，使一个步兵的作战效能等同于一架 AH-64 阿帕奇战斗直升机。其主要目标和先进性有以下几个方面。

传感器和通信系统 具有强大的作战组通信能力、最先进的分布和融合式传感器、建制内战术情报搜集系统、增强的态势感知能力、内置瞄准、行进间计划和能与其他部队设备链接的网络化“目标部队勇士”分队或小组。

杀伤力 包括一系列有高级火控系统和适应城市与特殊环境作战的轻型武器，并能与“未来作战系统”的直瞄或间

“增强人体机能的体外骨络计划”可以探测士兵大脑发给肌肉的指令，并通过机械作用补充或增强肌肉的反应。

瞄火力相协调。

生存能力 极轻型、小体积、多功能、全范围的防护作战装置。设想采用蜘蛛丝类织物代替纤维和陶瓷用于防弹保护，使用可依照环境变化改变其浸透性能的“交互式纺织品”，且采用能够随士兵在战场上的移动像变色龙一样地改变伪装图案。服装具有小气候控制功能，服装间隔结构中能够进行空气流通，加温或降温，内设缓冲层和生理状态监控器。

动力 能够连续自动运转 72h 的高密度、低重量、小体积、自生或再生式的安全可靠的动力源。

机动性、持续作战能力和人体机能 确定的系统重量在 50 磅(22.8kg)，将单兵所必需的大部分装备合并成几个基本系统。其中遥感仪器及一些辅助系统，制水或净水装置，充电装置，备份弹药与食品等，则由所谓的“机器骡子”(半自动越野车)携带。“机器骡子”也起到一种作战平台的作用，能够释放和控制携带各式传感器的无人驾驶车或飞行器，它将主要装备给班一级战斗单位。

该项计划已经于 2002 年启动，第一个型号要在 2006 年前完成，首批装备部队的时间定在 2008—2012 年，全面部署时间约在 2018 年。

三是“增强人体机能的体外骨骼”计划。

“增强人体机能的体外骨络计划”(简称 EHPA)，所谓体外骨络就是一套传感器与制动器，它们可以探测士兵大脑发给肌肉的指令，并通过机械作用补充或增强肌肉的反应。目的在于提高执行各种任务的步兵的负重能力、机动性能和

除军事用途外，体外骨骼还具有重要而广泛的民用价值。

耐力。

该系统最初是由一个下肢模块和一个上肢模块组成，主要是为快速运动（如以短跑速度跑一定的距离）和举重等活动提供辅助动力，用于清理建筑物、跨越或突破障碍物、突击筑垒地域、穿越复杂地形等作战行动。在增加一个负责垂直移动的模块后，则能够提供良好的以跳远和跳高方式绕过敌人阵地或“飞越”障碍物的能力。

该系统要求必须有与用户直接的触觉对接面，用肌肉信号作为主要指令复制出一个神经肌肉链。

这项计划分三个阶段进行：第一阶段为2002—2003财年，开发和测试启动技术，包括在综合燃料电池的基础上的变压器、电力供应、储存、瞬变控制系统、高宽带、水力启动器、肢端触觉接口、动力控制器等。第二阶段为2004财年，完成为增强有足机动性而设计、开发和演示的动力下肢体外骨骼。第三阶段在2005财年，设计、开发和演示完整的上下肢体外骨骼。除军事用途外，体外骨骼还具有重要而广泛的民用价值。

（4）英国的“未来综合士兵技术”计划

该项计划以经充分论证的系统工程的方式实施，把承担“徒步近战”作战任务的部队看做是一个“武器系统”，系统的构成部分在步兵部队一级得到优化，提高部队而不是单兵的作战能力。目标是为步兵设计并提供21世纪的武器装备，提高杀伤、生存、通信指挥控制、机动和持续作战等五个关键领域的综合能力。

该计划始于1994年，开始称“未来作战士兵系统”，后更

德国的“未来步兵系统”以步兵班(约 10 名士兵)为最小作战单位,将武器、光学仪器、通信指挥与控制装备分别地配备给班内的成员。

名为“未来综合士兵技术”,作为英国国防评估和研究局应用研究计划的一部分,它根据“用户需求文件”研发一整套相互关联的能力,并由一定数量的部队(步兵)与开发局的部队共同承担了内容广泛的实验活动。计划进展表明,应该首先考虑的是 6 项能力:全天候监视和目标搜索(如热成像、遥感等);动力源(如电池重量、寿命、再供给、充电等);快速地区效果(能以更高精度在更远的距离上命中目标的武器、弹药及相匹配的火控系统);后勤和持续作战能力(重量、坚固程度、可靠性等);防护能力,尤其在防御性的作战行动中的防护能力;光与有效声音及数据通信的广泛分布。预计到 2008 年可以开始大规模投资生产,2009—2010 年形成“初始作战能力”,2015—2020 年逐步具备“全面作战能力”,能够为 3.5 万人配发“未来综合士兵技术”装备。

(5) 德国的“未来步兵系统”

“未来步兵系统”主要考虑提高士兵以下 5 种在战场上的生存能力:减少被发现的能力,如减少所有声音和电磁痕迹的外泄,对视觉、红外和雷达等侦察进行有效的伪装;减少被跟踪和被击中的能力;弹道防护能力;核生化防护能力;激光眼防护等。同时以向士兵提供及时的战场信息的方式来提高反应能力,减轻士兵的负荷来提高机动能力,装备单兵的定位系统,并计划向士兵提供健康状况的信息。

该系统以步兵班(约 10 名士兵)为最小作战单位,认为单兵不可能具备需要的全部能力,因此,将武器、光学仪器、通信指挥与控制装备分别地配备给班内的成员。

系统包括以下几个部分:一是防护和着装,有能够防核

法国陆军为未来的地面作战制定了三个发展目标：机动空间数字化、战斗人员生存能力、城市机动和作战能力。

生化和火焰的作战服，模块式防弹背心，带有给水设备的负载系统。二是头部装置，有头盔，针对碎片和激光的护眼装置，声音防护，通信用的头戴式耳机，核生化防护面具。三是武器，包括加装光电装置的G36改进型突击步枪，口径为40mm的榴弹发射器，代替手枪和轻型冲锋枪的新型近距离防御武器。四是光电器材，有图像增强夜间瞄准具，热辐射武器瞄准具，用于指示和照射目标的多功能激光器。五是通信和定位，包括单兵用的小型无线电，班长对上联系的电台，辅助导航与急救用的全球定位系统，班长用的电子数字地图，计算机和动力源。六是侦察和测距装备，有数字罗盘，手提式激光射程计算仪等。

该项计划于1997年启动，计划的试验阶段持续到2000年，演示器材于2002年4月完成，目前正在进行广泛试验。第1代“未来士兵系统”计划在2004年开始装备部队，由派驻国外的快速反应部队进行战场试验，计划2010年时能够总共装备部队1100多套。初步估计每套系统的成本约为40万欧元，即每个士兵为4万欧元。

（6）法国的“一体化步兵装备与通信”计划

法国陆军为未来的地面作战制定了三个发展目标：机动空间数字化、战斗人员生存能力、城市机动和作战能力。为此，“一体化步兵装备与通信”计划在法国的现代化中占有重要地位。

该计划通过研发完全一体化和调试模块化的系统，从机动、进攻、通信、观察、防护、生存和作战支援等方面来提高徒步步兵的作战能力。

目前世界上许多国家都在研制士兵系统计划。

项目的重点包括:设计符合人类工效学特点并便于操作使用的武器装备,灵活的模块模式,各军种一体化并能共享资源,适应城市作战环境,与现役的系统兼容,可靠与安全,具有足够的升级潜力和较长的使用寿命。

内容包括各式各样的电子和光电装置,日夜瞄准具,全球定位系统,自动火控系统,激光,定向与导航系统,传送声音、数据和图像的通信系统,以及装备给排长的敌我识别和终端信息系统等。

该计划已经开始10余年,2001年法国国防部采购局已与有关公司签订了进行系统定义研究的合同,一型系统计划在2006年开始交付部队使用,2008年底将有1/3的基本战术单位装备这一系统,二型系统,可能包括在人类工效学基础上开发的新型AIF双口径(30mm和5.56mm)的武器在内,将于2012年后装备部队。

(7) 其他国家的单兵现代化情况

目前世界上许多国家都在研制士兵系统计划,如澳大利亚、比利时、加拿大、丹麦、希腊、意大利、挪威、荷兰、以色列、瑞典、南非等国。

澳大利亚的"士兵作战系统",称为"陆地125计划",也叫"温德拉(WUNDURRA)计划",为澳大利亚国防军提供从班到连一级单位的徒步战斗人员的装备。计划通过对已有的军品或可以用于军队的民品进行筛选与整合,也包括一些新装备研制和软件开发,其中有将徒步步兵与数字化战场上装备的单兵与分队的数字语音通信系统连接起来的计划。其第一阶段的性能定义研究工作已于1998年完成,第二阶

加拿大的“集成防护服与装备”计划，将为加拿大士兵提供科技含量高的服装与装备，增强防护力并具有良好的通信系统。

段为计划定义研究，于 2000 年 7 月启动，第三阶段为采购，可能在 2006 年开始，第一批装备可以在 2007 年底前装备部队。

加拿大的“集成防护服与装备”计划，将为加拿大士兵提供科技含量高的服装与装备，增强防护力并具有良好的通信系统。该计划目前处于技术展示阶段，由加拿大计算设备公司牵头的一个工业小组在为一个步兵班设计、开发、整合并生产足够的原型，以便在战场上对其进行全面的测试，以徒步步兵为中心，以现有的通信装备为基础，与现有武器一同运转，并从新的技术领域借鉴经验，如纺织、个人防护、探测管理、监视与目标搜索、信息管理、通信与系统合成等，包括卫星定位系统、头盔、显示器与便携电脑的整合。第三阶段将于 2005 年开始，任务是为所有的士兵装备模块式的防护服。

意大利的“战士 2000”计划，1999 年 7 月得到总参谋长委员会的正式批准，并与英国的马可尼电信制造公司牵头的多家公司联合体签约，在对一个技术示范品进行可行性研究，并对“战士 2000”与类似德国的“未来步兵系统”结合的可能性进行了评估。意大利政府在 2002 年 2 月已经批准了一个为期 4 年的国家研究发展计划，估计耗资 1700 万欧元。这个计划注重战士的杀伤力、生存力、通信、机动性和独立性。

荷兰的士兵现代化计划，以徒步步兵为核心，通过吸收和结合其他国家类似计划中有价值的成分来实现。目前正在考虑的模块有：计算机，通信单元，瞄准器和全球定位系

还有一些国家的士兵现代化计划尚处于起步阶段。

统，合成头部防护系统（包括护目镜、脸部防护与头盔），装有电线的边框式负重系统，动力源，免手持式通信，分离式步枪瞄准具，各种装备与服装等。计划将在 2008 年开始引入部队。

南非国防军的“南非勇士”计划，可能是惟一的发展中国家实施的士兵现代化计划。在考察了军事技术发展的情况后，对现有的装备进行了评估，分析了南非国防军对新一代单兵系统的需求，并集中于单兵作为小组的一部分徒步作战时的具体情况，根据南非国防军常规行动、维和行动和内部稳定行动以及在潮湿、地中海、亚热带、干旱与热带等环境的具体条件，目标是使士兵成为一个系统，具有机动性、杀伤力、持续能力、人性因素和通信指挥与控制能力。计划正在研究的内容有：保密语音/数字通信、全谱夜视功能、数字化识别、平衡食物供给、动力供应等。

还有一些国家的士兵现代化计划尚处于起步阶段，往往仅限于一些具体的方面，如战地服装、通信装备、轻武器系统等。

4.2 数字化部队

(1) 背景、意义

20 世纪 90 年代，美军首先提出了要建设 21 世纪的新型军队——“数字化部队”。这是一项紧跟时代步伐的军队建设措施，随着科学技术，特别是电子计算机技术的发展，人类已经进入了信息时代，计算机的优势就是高速地处理与存储

数字化部队实质上就是一种网络化部队。

大量数字,加之计算机网络的发展,使信息能够在更大的范围传递与处理。因此,数字化是信息技术发展的集中体现,是信息社会的象征,而军队仍然是根据工业时代后期的情景设计的。虽然,近年来注入了许多高技术的成分,但还是以机械化为主要方式的,为了与整个社会的数字化相适应,军队、战场的数字化,则是历史发展的必然趋势。

(2) 数字化部队的内容

数字化部队是装备数字化通信系统、计算机信息系统和各类用户终端,能够将所有的武器平台和传感器联在一起,组成一个纵横交错的计算机网络,以数字方式处理战场环境、部队态势和作战活动信息,实现上下左右的实时信息交换与共享,达到战场情报、通信、指挥、控制、电子战和后勤保障等功能的一体化,能够为作战指挥官提供需要的所有信息的部队,其实质上就是一种网络化部队。

目前的数字化设备主要包括各种先进的网络通信技术、各种调制解调器、导航与全球定位系统(GPS)、车辆定位与导航系统、毫米波敌我识别系统、多传感器目标捕获和瞄准系统。数字化设备的主要作战平台有主战坦克、步兵战车、自行火炮、作战指挥车、武装直升机、各种无人机、数字化的单兵系统等。

对于"数字化",我们最早听到的是"数字化地图",即将地理和地形的信息用数字加以表示,从而实现了对这些环境信息能够通过计算机进行快速处理、识别、判读、传递和利用。美军有关"数字化"的提法还有"数字化通信系统",将战场情报以数码的方式在各作战单位(单元)之间进行近乎实

> 一个相当大的“战场信息数据库”，是数字化军队能够行动的前提。

时的传递与处理。“数字化战场”，其内容应该是地图数字化的发展，有助于将指挥、控制、通信、计算机和情报融为一体，战场将是一个由声音、调制解调器和电传数字化信息构成的巨大平台。因为数字化的军队，对于信息是以数字的方式进行处理的(包括判读、识别、传递、分送、转换、利用等)，所以战场的一切因素，如物体、情况、条件(活动的、静止的、人为的、自然的)，还有交战双方活动着的军队都必须数字(数码)化，构成数字化军队所需要的、完整的“信息源”，实际上就是一个相当大的“战场信息数据库”，是数字化军队能够行动的前提。图 4.3 是数字化部队的一个信息设备。

图 4.3　数字化部队的一个信息设备

"保持军队的技术优势是老问题,利用现有技术,提高现代化水平,而不单靠发展某个武器系统来保持这种优势则是新办法"。

俄军事专家认为,未来作战的"情报战"或称"数据战",是指数据处理设备的优势及摧毁敌方指挥与控制系统的能力。

(3) 数字化部队建设的做法

美国陆军是进行数字化建设最早的军队,到 1997 年已经建成一个数字化旅,近几年来美国陆军建设的重点是建成数字化师。1997 年 11 月,进行了数字化师的高级作战试验。1998 年 5 月陆军训练与条令司令部公布了试验总结报告,提出了有关数字化部队的作战思想、编制、装备、训练等几十条建议。同年 6 月,陆军部公布了新的数字化重型师的编制表。2000 年 9 月,将第 4 机械化步兵师改造成第一个数字化师。该师配备了由 1 万多套设备构成的 100 多个系统。部队实现数字化后,反应和作战行动更加迅速,组织指挥更加灵活,作战协同更加简捷,作战保障更加便利,作战能力有很大提高。

具体采取了以下一些做法。

一是,采取"横向技术一体化"的军事技术发展策略。

从 20 世纪 50 年代以来的科学技术革命,到 70 年代一些单项的技术开始走向成熟,某些新的学科取得了重大的突破,在这样的背景下,美国和其他一些技术先进的国家主要是运用高新技术来研究、发展和完善一些武器系统,如在海湾战争中经受了作战试验与考验的、美军称之为"五大件"的坦克、战车、战机、直升机和导弹等,都是世界上最先进的武器系统。美军认为"保持军队的技术优势是老问题,利用现有技术,提高现代化水平,而不单靠发展某个武器系统来保

美军数字化部队的建设在技术上将集中于信息领域，并以计算机技术为主要的内容。

持这种优势则是新办法”。并进一步指出：“传统做法是采用‘烟囱式’的武器研制方式，纵向的发展某一武器系统，结果研制出来的某种性能极为优越的武器系统却无法与其他武器很好地配合使用。”为此，提出了必须实现“横向技术一体化”。横向技术一体化主要是确定一体化的要求，研究、使用共同的软件、语言、标准和规定。其实质在于使一些先进的、成熟的军事技术渗透并应用到军队的各专业兵种和作战行动的各个环节中去。这是更多地应用已有的技术，而不是发展或重新发展某项技术；是综合，而不是单项；是立足于整个军队的大系统，而不是着眼于个别的武器系统和个别的技术环节的发展策略。

二是，集中于信息领域，以计算机技术为主要内容。

美军认为21世纪的军队是计算机科学技术的发展、作战理论、武器装备与编制体制相融合和最大限度地提高军人素质的产物。将拥有更多的计算机网络，从而利用信息的力量和实施依靠知识的战争。在编制上美军设有“信息系统司令部”；在研究的新课题中有如何创建出一个灵活的网络式体系结构，和如何指挥信息时代的部队，以及运用新的指挥与控制技术去遂行信息时代的作战等问题。这些，不难看出美军数字化部队的建设在技术上将集中于信息领域，并以计算机技术为主要的内容。

军队的信息领域实际上包括作战指挥与行动中信息流程的所有环节。当前，美军以“信息领域”取代了过去的“C^3I”的提法，用计算机科学技术进行综合的、智能的信息处理，充实并发展了以往的通信技术。

利用计算机技术，使传统的指挥、通信在手段和功能上得到了扩展与延伸。

20 世纪 70 年代起，美军的指挥系统建设在内容上先是指挥与控制，再增加了通信，后又加上情报。进入 90 年代，随着空、地、海、天一体作战理论的形成，对于指挥系统又提出了定位、识别与导航等内容，显然再以 C^3I 来表述已经不适合了，只有信息才能较全面反映指挥的全部内容。同时，传统的通信技术和手段，难以承担高速数据通信、无特征地形的准确定位信息、导弹攻击警报、多频谱成像、测绘、光速情报(信息)分发等的需求，代之的将是通过软件技术发展为计算机之间的综合、分发与交换，由计算机网络取代原来的通信地域网。这样，信息或信息战和以计算机技术为主要内容就顺理成章了。

利用计算机技术，使传统的指挥、通信在手段和功能上得到了扩展与延伸。其一，计算机网络不仅具有分送、传递信息的功能，它还能够存储大量的信息，数据库、资料库的利用，可以提前为作战进行大量的准备工作；其二，计算机的快速处理与计算，给军队指挥中的统计、分析、判断与决策提供了方便；其三，计算机中的图形图像技术，使信息在传递之后，立即实时地对战场的情况与态势进行显示成为可能。以计算机技术为主要内容，使计算机技术的许多特长与优势在军队指挥的工作中得到完美与充分地发挥。作为一种措施，美军院校已经开设了信息战的课程。不难看出，美军这种及时地将技术与作战应用接轨，力求以新的作战理论来指导军事技术的发展的做法是十分明确的。

三是，成立专门机构，推动军队的数字化工作。

首先，于 1993 年宣布成立“数字化工作特别小组”，由工

由于数字化、横向技术一体化的工作，是全局性的一个大的系统工程，成立一个具有权威性的工作班子十分必要。

作组的成员组成“陆军数字化办公室”，其成员来自各个领域，有作战理论研究人员、技术专家、科学家，也有工程师和采购专家。其主要任务是研究建立21世纪陆军的办法，是一个典型的军事系统工程技术的工作班子。

由于数字化、横向技术一体化的工作，是全局性的一个大的系统工程，成立一个具有权威性的工作班子十分必要。工作必须从全军的角度出发，制定技术发展的总体规划，规定统一的规范与技术的统一标准，一句话，所进行的是具有“立法”性质的工作，其作用无疑是防止各搞一套，各行其是，保证实现一体化。

(4) 其他国家军队数字化的情况

英国国防部1996年颁发“陆军数字化总纲”后，经过论证与试验，在1998年决定开发两个战场数字化系统：旅和旅以上部队使用的编队作战管理系统；旅以下的为战斗群管理系统。1999年进行了多次软件测试，2000年进行了一次数字化战斗群作战试验。法国陆军部队数字化建设的进展主要表现在以下三个方面：一是开发了团级信息系统，2001年已经装备团、营级部(分)队；二是基本上建成了Atlas炮兵指挥系统和Martha防空炮兵指挥系统，它们都能与团级信息系统互联；三是由武器平台、传感器和信息源组成的信息终端系统的开发取得了重大进展。法国陆军在2000年度组编了一个6000人的数字化旅，并在2002年对该旅进行了“作战试验”。德国陆军已于1998年组建了一个标准化数字化营，计划到2003年底组建两个数字化师。目前正在开发三种战场指挥控制系统，即旅以上高级指挥控制系统、营团

日本是一个信息技术大国，社会的信息化程度很高，具有良好的建设信息化军队的基础与条件。

级指挥控制系统和指挥与武器控制系统。

启动军队数字(信息)化建设的国家还有:韩国、日本和澳大利亚等国。韩国军队的信息化建设主要措施为:首先，在国防部设立“全军信息化高级官员协调会”，统筹全军的信息化建设，军种则设立相应的机构，负责本军种的信息化建设。第二，重点解决四大课题:C^4I 系统;联合资源管理系统;国防情报通信网;信息安全与防御信息战。第三，制定“信息化人才培养计划”。到 2002 年的目标是建立 150 个信息化教育场所，确保韩军拥有 350 名高级信息专家，目前，这一目标已经达成。在 1999 年澳大利亚在国防部成立了“军事革命办公室”，制定了以军队信息化建设为中心的“塔卡利计划”，要求到 2010 年建成澳大利亚国防军综合 C^4I 和信息系统，其重点是建立一个“多级综合信息安全保障环境”，满足澳军和国防部以信息技术为基础的各类系统对信息安全的需求，建成战术指挥支援系统，以提高指挥工作的效率。日本是一个信息技术大国，社会的信息化程度很高，具有良好的建设信息化军队的基础与条件。据森野军事研究所透露，日本陆军已经开始信息化建设，其目标是:在作战方面，指挥官可以实时地掌握地形、天候、敌情、我情等情况，利用模拟系统实时分析战场态势和战斗演进结果，以便正确决策;在教育训练方面，利用远程教育系统和虚拟现实系统，使官兵不出营房就可以进行实战训练;在后勤保障方面，可以通过军地联通的无纸化办公系统提高后勤的支援效率，官兵能够利用远程医疗系统接受最好的检查和治疗。

战场数字化提高了战场上的识别、反应速度和获取威胁信息的能力。

(5) 数字化部队的优点和弱点

数字化部队适应了美军"网络中心战"对作战部队的要求,其主要优点有:一是作战情报共享。这是由计算机网络实现的。二是反应迅速。由于信息传递实时、准确,利于判断和快速决策,部队和武器系统都提高了反应速度。三是提高指挥能力并简化了作战指挥。网络化增强了部队的感知能力,并可以减少指挥层次,实施分布式与网络式指挥,数字化战场的一个重大优点,是指挥官能够通过战场透明图了解基层分队甚至单兵的作战情况,并对其进行指挥。四是利于协调,便于集中火力和实施"空地海天一体战"。信息共享使作战协同十分方便,指挥官可以随时集中火力,甚至包括空中、海上等突击力量,突击某个目标。五是生存力大大提高。战场数字化提高了战场上的识别、反应速度和获取威胁信息的能力。如数字化的火炮能够在75s内完成停车、展开和开火动作,再经30s就能够撤出战斗,这么短的时间,敌人来不及做出反应。信息化的单兵系统也具有很强的防护能力,单兵防护服不仅能够抵御低速子弹、炮弹碎片,防核辐射与化学、生物战剂,而且具有一定的隐身能力,从而降低了伤亡率。六是便捷了后勤保障。网络使作战、作战支援、作战后勤保障成为一个紧密联系的有机整体,使后勤的管理与保障更加灵活高效,战场上的实时补给成为可能,战场救护也发生了巨大变化。通过网络,战地军医可将伤员的病况通过摄像连同一些生理参数(血压、脉搏等)一同发回后方医院,供专家会诊,从而得到及时正确的处理与治疗,大大降低了死亡率和致残率。

一体化的指挥系统也叫 C^3I 系统，是由人员、指挥体系和以电子计算机为核心的技术装备有机结合而构成的一体化的指挥信息系统，是军队的耳目和神经中枢。

数字化部队也存在弱点。大量的计算机、信息流和电子设备，极易受到攻击、干扰和破坏，除了硬摧毁和杀伤以外，众多的软件系统也是十分脆弱的，病毒、电磁等都能对其构成威胁。在伊拉克战争中，美英联军为了保证部队正常行动，特别注意发现并清除伊拉克的一些电子干扰设备，就是这个原因。开战伊始，第一轮打击的就是对其信息化作战构成威胁的目标。当得知伊拉克有 GPS 干扰机时非常重视，并在第一波攻击中就予以摧毁，在其召开的记者会上宣布“已经摧毁了伊拉克的全部 6 台 GPS 干扰机”。美军也认为庞大的信息和指挥系统是军队的“软肋”，其信息战的许多措施都是围绕保证数字化部队能够正常行动而进行的。

4.3 现代军队一体化的指挥系统

C^4ISR 系统

一体化的指挥系统也叫 C^3I 系统，即指挥(command)、控制(control)、通信(communication)与情报(intelligence)系统，是由人员、指挥体系和以电子计算机为核心的技术装备有机结合而构成的一体化的指挥信息系统，是军队的耳目和神经中枢。通常包括以下三个分系统：一是探测预警分系统。用于情报搜集和外国军情监视，包括侦察卫星、预警卫星、侦察飞机、预警飞机、地面预警与监视雷达、无线电侦察与监视

一体化的指挥系统的关键是顶层设计，即必须制定能够将作战结构、系统结构和技术融为一体的系统框架。

设备，以及其他各种公开的、秘密的情报搜集与监视手段。二是通信分系统。包括卫星、飞机地面和舰艇之间的通信，也包括光纤等多种通信手段，保证上下左右信息畅通、安全、保密、抗干扰。三是指挥中心分系统。从最高指挥层到基层作战分队的指挥机关，通过通信分系统的连接，构成军队的指挥控制网络，是情报的汇集、显示点，又是决策、命令的发出场所。

近年来，美国将 C^3I 系统发展为 C^4ISR 系统，即增加了计算机(computer)、监视(surveillance)和侦察(reconnaissance)。标志着美军一体化指挥系统经历了从分散到独立系统的发展过程后，开始向一体化方向发展。其目标是：通过采用整体性的体系结构，使不同层次的系统和各军兵种系统一体化，使系统的各种功能一体化，使预警系统与指挥控制系统一体化。一体化的 C^4ISR 系统的基础设施由五部分组成：一是由各种探测装置构成的探测装置网络，为各级部队的指挥官和士兵提供实时的战场态势。二是先进的战场管理，能够更加迅速、更加灵活地部署作战力量。三是有足够的容量、灵活和网络管理能力的联合通信网络，以满足指挥和部队之间的通信要求。四是具有信息作战的能力。五是良好的信息防御系统，保护分布在全球的通信和信息处理网络，不受敌方的干扰和破坏。一体化的指挥系统的关键是顶层设计，即必须制定能够将作战结构、系统结构和技术融为一体的系统框架。作战结构反映作战单位之间、作战指挥与武器系统之间、侦察分队与指挥单位之间所需要的信息流，包括信息的类型、交换频率以及与信息相关的任务。作战结构通常由作战部门与装备部门联合制定；系统结构描述的是某项作战

美国国防部 C^4 系统包括美国国防部和联合 C^4 系统、各军种的 C^4 系统和参联会的信息系统。

职能领域的系统及其内部相互之间的关系，具体界定与信息交换有关的各种关键节点、网络、回路及作战平台间所采用的物理连接关系，并标定和分配系统各组成要素的性能参数；技术结构是一整套的标准和协议，用来明确各部门、接口、标准之间的关系，目的是确保系统需求的一致性，并为各系统规定统一通用的操作环境，以保证能够同时操作。

C^4 系统

美国国防部 C^4 系统包括美国国防部和联合 C^4 系统、各军种的 C^4 系统和参联会的信息系统。

国防部和联合 C^4 系统的基础设施包括：国防信息基础设施；国防信息系统网络；联邦电信系统 2000（即美国政府的电话和数据系统）；保密话音系统；自动数字网络；国防报文系统；国防数据传输；全球指挥控制系统；军事卫星通信结构（由特超高频卫星通信系统、国防卫星通信系统、军事战略和战术中继系统、全球广播报务和商业卫星通信等组成）；国防部情报信息系统；国防特别保密通信系统；联合全球情报通信系统；联合可部署情报支援系统；频率资源记录系统；全球定位系统；国防支援计划；国防气象卫星通信系统；舰队卫星通信系统；公共交换电话网络；海底电缆和改进的空发事件自动传输系统等构成。

美军各军种的 C^4 系统包括：陆军 C^4 系统，包括为军以上单位服务的三军战术通信（TRITAC）系统、为军和师两级服务的移动用户装备（MSE）和为旅与营及其低层次单位作战、

空军 C^4 系统包括传输话音、报文、数据的单个或多个信道卫星系统，还有保密和不保密的电话与传真设备。

作战支援、战勤支援单位使用的单信道地面或机载无线电(SINCGARS)。

海军 C^4 系统有：指挥信息系统，它是海军实现战略的指挥、控制、情报系统，能够为舰队提供通用的战术画面；海军舰载战术指挥系统，是海军指挥信息系统的舰载部分，与全球指挥控制系统的操作环境兼容，为战术指挥官提供及时、准确、完整的全源信息管理、显示与分发能力；联合战术信息分发系统，是高容量信息分发系统，为战术用户提供快速、保密、抗干扰的通信、导航与识别能力；联合海事通信系统，动态地管理海军使用的所有的无线电频率，并通过标准化将所有的计算机数据变成数据包，为舰队提供一种战术互联网协议网络；数字宽带传输系统，提供保密、快速加密话音和数据舰队对舰、舰队对岸通信指挥；“挑战雅典娜”，为所有舰载作战人员提供双工、商业卫星 T-I 通信。

空军 C^4 系统，空军作战司令部将部署联队初始通信包，而空中机动司令部将部署机动初始通信指挥装置，以支援空军联队。联队的初始通信包包括在已部署的空军基地上进行初始安装的一小批通信人员和轻型通信装备。该装备包括传输话音、报文、数据的单个或多个信道卫星系统，还有保密和不保密的电话与传真设备。一旦完成初始部署，在俄克拉荷马洲的廷克尔空军基地的第 3 作战通信团和在 GA 的沃纳罗宾斯空军基地的第 5 作战通信团队，在空军国民警卫队的 8 个作战通信团队的增援下，将部署更强的通信指挥装备，保证空军作战任务的完成。

与机械化战争时期的大规模后勤保障相比，聚焦式后勤的形成具有明显的信息化战争时代的特点。

4.4 高效的后勤保障体系

1997年以后，一些国家将“聚焦式后勤”列为新的作战原则，明确后勤必须综合运用信息、后勤及运输技术装备，迅速对危机做出反应、跟踪和转移甚至是在途中的人员与物资以及在战略、战役、战术级军事行动中都能够提供特编的后勤部队和不间断的后勤保障。“聚焦式后勤是指在所有的军事行动中，在适当的地点和适当的时间向联合部队指挥官提供适当数量的适当人员、装备和补给的能力。为了实现这一能力，就要建立实时的网络化信息系统。”“聚焦式后勤将通过以下途径提供军事能力：确保在适当的时间将适当数量的装备、补给和人员，发送到适当的地点，以保障作战任务。为此，应对信息系统进行革命性的改进，对组织体制进行革新，重新制定运转程序，推动运输技术的进步。”

与机械化战争时期的大规模后勤保障相比，聚焦式后勤的形成具有明显的信息化战争时代的特点。一是实现后勤保障由“足够多”向“精确化”转变。机械化战争时期，后勤保障强调的是“足够多”，即必须为作战行动准备和提供足够多的后勤装备和物资保障，生产、运输、周转、存储各个环节上都存在着浪费。聚焦式后勤保障强调实施精确化保障，在数量上做到满足需要而不多余，在时间和地点上准确适当。如采用以射频卡和手持式无线电询问机组成的特定物品寻找系统，在野战条件下，由手持式无线电询问机迅速找到所需物品的集装箱，再通过射频卡能够从补给

在大多数的作战行动中，就地取材，利用作战行动所在国的通用补给系统，道路、机场和港口设施，物资处理与储存设备，是减轻后勤保障压力的有效措施。

的集装箱内迅速找到所需的物品。二是后勤体制由垂直机构向一体化、模块化和专门适合作战的勤务支援系统方向发展。将先进的信息技术运用于后勤系统，在所有的后勤职能部门和后勤单位之间建立有效的联系，使后勤组织体制向一体化和模块化方向发展，在作战和作战支援部队编制内形成模块化的保障单位，便于组合与部署，并实现对整个后勤系统的末端管理。将军队后勤与商业领域紧密结合起来，充分利用先进的商界成果、分发方式、物资管理和全球信息网络为军队的作战行动提供保障。将现役和预备役的作战勤务支援能力联合起来，组成强有力的保障系统。三是使后勤保障与作战指挥控制系统紧密融合，形成一个一体化的作战环境，提高了后勤保障的效率。四是实现了后勤运输的全程控制掌握。在兵力部署、部队跟踪和保障方面通过运用信息技术，实现了后勤保障数据的全球互联，从而可以将各种运输方式有效地集成，能够快速、高效地规划、组织与实施各种物资的直接运送并保持可视性。五是通过网络实现远程医疗和维修。六是从依靠本土后勤保障到实现大量依靠国际资源和技术实现更广泛的后勤保障。在大多数的作战行动中，就地取材，利用作战行动所在国的通用补给系统，道路、机场和港口设施，物资处理与储存设备，是减轻后勤保障压力的有效措施，网络化的后勤能够充分利用经济全球化发展的成果，以更多的渠道获取作战资源，通过采购等方式实现就近保障。

现代科技条件下现代军事与现代战争的特征

5.1 战场广大

现代高新技术条件下作战，拥有技术优势的一方能够从一开始就对敌方实施全纵深打击。远程与精确武器不仅能够实现非接触方式的作战行动，彻底改变了过去的“前方与后方、前线与战场”等概念与划分，而且对于空间和海洋的充分利用，使得战场变得空前的广大。从上世纪末的海湾战争起的几次作战行动上不难看出，其范围完全超出了地球的范畴，所谓“陆海空天”一体战正是恰如其分的概括。

全纵深打击方式带来的作战变化是多方面的。

全纵深打击方式带来的作战变化是多方面的。首先,交战方式一改以往那种由前到后、由外向里的模式,作战行动一开始就可以直接指向对方的要害部位或目标,迅速地达成作战的战略目的。由此带来的是战略、战役和战术之间的界限趋于模糊,实际上是表明战略、战役和战术三个层次之间的联系更加紧密了。这改变了以往那种先由一系列的战术行动来构成或达到战役目标,再由众多的战役过程来实现战略总目标的由小到大、由近到远的作战行动程序。其次,还改变了过去传统的军、兵种在作战行动中的地位与作用。以往的作战最终都必须通过陆军的占领来完成,作战计划与行动大多围绕陆军的突击来进行,"突破"、"穿插"、"分割"、"包围"是指挥官必须掌握的作战指挥艺术,围绕陆军的行动制定各自的支援与保障计划,现在什么方式能够迅速达成作战目标都成为可能,指挥员关注的是影响全局的行动。第三,战场的空前扩大,为指挥员提供了更加广阔的施展才能的空间,依靠信息,把握环节,审时度势,就能更好地驾驭战场。有人认为现代技术条件下的战争已经由"机动战"发展为"控制战",见表5.1。

表5.1 战争形态的变化

模式	消耗战	机动战	控制战
目标	消灭敌人	歼灭敌人	瘫痪敌人
实例	第1次世界大战	第2次世界大战	海湾战争
背景	工业化	机械化	信息化

实践中，信息作战是通过综合各方面的信息，充分发挥其潜能以提高军事行动的效能。

战场扩大，带来的另一变化是对集中兵力的理解，以前作战行动受火力和军队机动能力的制约，不仅作战行动集中在交战双方的前沿有限的地域内，而且十分强调兵力与火力的集中，集中的形式与内容是一致的，体现为时间、地域上和目标上的统一。为了集中，进攻一方必须集中配置，在有限的地幅内摆布大量的兵力与技术兵器。现代技术条件下，集中是指使用上的集中，兵力兵器可以分散在相当大的区域内，看上去甚至十分分散。同时攻击的目标也可能是非常分散的，一改过去战术层次上的“断其一指”为在整个作战体系中去击其要害。还有，现代条件下作战，防御行动的有效性受到更加严峻的考验，传统的线式防御是不行了，筑城与工事的作用正在削弱，作为指挥员手中机动与后盾力量的预备队可能先期遭到攻击，防御的被动地位更加明显，也许只有进攻才是出路。

5.2 信息战

现代军事技术的主要特征是信息、信息源以及传递信息能力在信息技术的支持下所取得的飞速发展。实践中，信息作战是通过综合各方面的信息，充分发挥其潜能以提高军事行动的效能。通过获取信息和消息来提高己方作战行动的效果，同时通过运用各种可能的手段使对手无法获得类似的能力。以对手的信息流为目标，以求达到干扰其对战场形势的了解，或使其无法拥有或者使用有关信息。

简明地说，信息战是在作战行动中，为影响敌方信息和

信息的作用是反映客观情况，信息越多则反映的情况越加详尽与真实，指挥员只有在充分了解情况的基础上才能做出正确的判断和决策。

信息系统，同时保护己方信息和信息系统所采取的各种行动。其内容主要有：一是电子战/指挥控制战技术；二是电子信息技术密集型的武器装备技术；三是计算机网络攻击和防御技术，还包括信息安全产品只能独立自主研制等问题。

信息的作用是反映客观情况，信息越多则反映的情况越加详尽与真实，指挥员只有在充分了解情况的基础上才能做出正确的判断和决策，历来作战讲究首先是充分地了解情况，主要是敌情、我情与周围环境的情况。随着科学技术的发展，收集情报的手段越来越多，由简单的目视、光学仪器、空中侦察，发展到各种传感器、太空的卫星侦察和种种技术手段的侦察；同时军队机动能力的提高，又使战场上的情况变化加快，产生大量的过时与陈旧的信息，不仅信息处理工作量大，而且十分强调时效性。

由于计算机网络技术在军队作战指挥中的广泛应用，信息的收集、传递、整理、存储、分析与分送都在网络上进行，所以在信息战之后，又出现了“网络中心战”的概念，认为任何战争都同时发生在物理、信息和认知三个领域。物理领域是部队在陆地、海洋、空中和空间实施打击、防护和机动的领域，是各种作战平台和连接平台的通信网络客观存在的领域，即陆海空天的实际战场。信息领域是产生、处理并共享信息的领域，是传达指挥员作战意图、作战人员交流信息的领域。信息领域的信息并不一定是物理领域的真实反映，必须对信息加以保护。认知领域是作战人员的意识领域，包括知觉、感知、理解、信任和价值观以及在此基础上的决策，有指挥员的意图、命令、战术等，是最终对作战起主要影响的领

信息手段与来源更加重要，要求在更大的范围内获取准确、及时的情报，否则挨了打还不知道来自何方，更谈不上还击的问题了。

域。网络中心战的主要内容是：在物理领域，部队的各个组成部分之间都通过网络实现保密、无缝和可靠的连接；在信息领域，部队具有收集、共享、访问和保护信息的能力，协同工作的能力，并通过对信息的相关、融合和分析获得信息优势，它的作用是各作战平台所无法达到的；认知领域，必须形成对部队的动态形成准确的共同的感知（了解和认识）、对指挥员意图和命令的共同理解，进而产生协调一致的行动。

信息手段与来源更加重要，要求在更大的范围内获取准确、及时的情报，否则挨了打还不知道来自何方，更谈不上还击的问题了。

信息战或称为网络中心战，其基础是信息共享的可靠性、完整性与及时性，关键是获取信息优势，美军正在建设的“全球信息栅格（GIG）”是一个跨国防部领域的虚拟内联网，是美军实施信息化战争的关键性信息基础设施，采用分布式、网络化、覆盖全球的数据采集、处理与保护，并从数据中提炼出有用的信息，使信息在所有入网的作战实体之间安全、畅通地流动，目标是为世界任何地方的美军提供信息的共享能力。

进行信息战的主要手段是各种信息武器和信息装备器材，主要有：能够渗透到通信系统和指挥网络，并使其丧失功能的计算机病毒；可以适时植入到军用或民用信息控制中心系统的计算机逻辑炸弹；可以对信息网络的信息交换进行压制并制造假信息的装置；将计算机病毒和逻辑炸弹输入军用、民用网络和远程指挥系统的装置；对己方信息中心、电信系统进行防护，使其免遭敌信息武器攻击的装备等。

孙子兵法中说的“不战而屈人之兵”，说的就是通过心理的作用降服敌人。现代条件下，对敌人的认识和信念的心理攻击手段更多，作用更直接，效果更大。

5.3 心理战

心理战的目标是攻击敌方领导人、部队官兵和民众的认识和信念。自有战争以来，瓦解敌军就是一种重要的作战内容与手段，孙子兵法中说的“不战而屈人之兵”，说的就是通过心理的作用降服敌人。现代条件下，对敌人的认识和信念的心理攻击手段更多，作用更直接，效果更大。

心理战的主要手段：一是利用卫星电视、广播等视听媒体。在高技术战争中，交战双方都重视利用卫星、电视与广播等媒体来加强宣传自己、瓦解对方。二是使用各种先进的飞行器。执行心理战作战任务的部队，已经装备了能够传输无线电广播和电视信号、能够快速制作广播电视节目的广播电视飞机。另外许多作战飞机都具有投撒传单与宣传品的能力。广播电视飞机可以不断使用当地语言播放心理战的宣传节目。三是智能传单。使用集视、听、说于一身的传单，使敌方不仅看到了精美的图画与文字，还立即听到了用本民族语言表达的亲切劝降声。图 5.1 是美军在伊拉克战争中向伊拉克投放的传单。四是利用国际互联网。国际互联网覆盖面大，是进行宣传与反宣传、开展心理战的有力工具。通过国际互联网发送许多电子邮件，劝敌方放下武器，取得心理战效果。五是虚拟现实技术。1995 年 11 月，美国人利用虚拟现实技术，在美国本土的代顿空军基地将南联盟地区的穆族、克族和塞族三方提出的谈判条件，特别是用于进行讨价还价的军事实力和部队部署，制成计算机模型，在三方

心理战与现代条件下的精确打击相结合，构成软硬兼施，将会对战争与作战进程以更大的影响。

代表面前进行对比和对抗演示。三方代表看到演示后认为，再打下去，将三败俱伤，于是握手言和，签署了代顿协议。现代科技条件下，完全可以利用虚拟技术，“制造”敌方最高统帅的影像，让他向部队下达假的作战命令。还可以利用虚拟现实技术制造“虚拟部队”、“虚拟舰队”和“虚拟机群”，敌人从雷达上观察到后误以为真而受骗上当。

图 5.1　美军向伊拉克投放的传单

心理战与现代条件下的精确打击相结合，构成软硬兼施，将会对战争与作战进程以更大的影响。

心理战还包括采取一切必要的措施，巩固与鼓舞自己部队的士气，稳定国内的人心，争取世界上更多人的同情与支持。美国在平时就十分重视全民的爱国教育，通过学校的历史课，让人民认识历史虽然不长但却是世界上最优越、最先进的国家。美国的许多节日都与国家的历史和军队有关，如阵亡将士纪念日、退伍军人节、美国独立纪念日等。在国家

美军还利用宗教的力量来提高士气，巩固军队，在军队中设有以“上帝的使者”之称的随军牧师，对军队成员进行及时的心理疏导。

的庆典时，人人都背诵“我爱这个国家，保卫这个国家”的誓词。在国旗纪念日里，人人都背诵忠于国旗的誓言：“我宣誓忠诚于美利坚合众国国旗和国旗所代表的共和国……”在美军中强调军队的主要任务就是为国家而战。通过宣传让国内人民理解伊拉克战争是反对恐怖主义的继续，是为美国利益而战。2003 年 3 月 20 日，对伊拉克开战当天，布什总统强调：“我知道我们军队的家人正在为他们祈祷，希望他们能够尽快安全回国。数以万计的美国人在为你们深爱的家人的安全和保护无辜而祈祷。因为你们的牺牲，你们赢得了美国人民的感激和尊敬。我可以告诉你们，我们的军队将在完成它们的使命之后尽快回家。”“我们的海军、陆军、空军以及海岸警卫队、海军陆战队现在去迎接威胁的挑战，就是为了今后消防队员、警察和医务人员在我们的城市里不再面临威胁。”并声称“我亲爱的国民，我们的国家和全世界面临的危险将被消除。我们将度过这个危险的时刻，继续我们和平的事业。我们将保卫我们的国家，我们将为其他国家带去和平，我们一定会赢”。此外，美军还利用宗教的力量来提高士气，巩固军队，在军队中设有以“上帝的使者”之称的随军牧师，对军队成员进行及时的心理疏导。同时，美军还为参战军队提供“舒适”的前线生活，注重生活保障的质量，在前线军营设立各种设施，有电影院、健身中心、减肥中心、蒸汽浴室、网球场、体操馆、乒乓球室等。

心理战的发展趋势：一是领域在拓宽，不仅超越了平时与战时的界限，而且由军事行动扩大到经济、政治、外交、文化、宗教等领域，并且已经突破了传统的战术层次进而上升

火力,特别是精确的火力,将对战争进程起到更大的作用。

到战略层次,甚至是国家战略的层次。二是心理战的时空在扩大,由以往的军队、领导层扩大到参战的所有人员,甚至是全世界,包括没参战的国家和人民,以争取国际舆论和给对方施加压力。伊拉克战争期间,收看战事报道的人数之多创下了人类历史的纪录。三是时效性更强,这种心理战不仅是谋略的较量,同时也是科学技术手段的竞争,发布信息的准确性、及时性和突然性都至关重要。四是心理战的实施更加专业化,从美军设有专业的心理战部队并配备专门的心理战装备,以及近几场战争的实践,表明心理战正成为一种新的战争形态。

5.4 火力战

火力,特别是精确的火力,将对战争进程起到更大的作用,有些火力突击的地位与作用,完全可以提高到战略的层次。

火药出现之后,就一直是影响战争或作战进程的一个重要的因素,它一改人对人短兵相接的局面,可以在不接触的情况下,从较远的距离上打击对方。先是枪代替了刀,接着是火炮受到青睐,然后是具有更加机动火力的坦克与步兵战车,加上飞机从空中提供的火力。运载火箭的出现,使火力的胳膊加长,威力增大。从火力的运用上是从火力准备、火力支援到轻便的随伴火力,发展到火力突击。但在作用上都还是一种服务或服从于步兵行动的配角地位,二战时,苏军的炮兵被斯大林称为"战争之神",说明了火力的作用不能

> 火力地位的真正提升是近几年的事。在火力的作用下，实施全纵深打击，为作战行动带来了更大的机动性。

忽视。

火力地位的真正提升是近几年的事。这种提升是有前提的：一是必须有准确、及时的信息保证。就是说必须有准确及时的情报，许多重要的、关于目标一类的情报，在战前就必须详细地掌握和不断地更新。二是必须具有精确可靠的、远程投送火力的兵器和手段，能够保证随时将战斗部投送到预定的地点，火力本身则必须具有足以完成各种作战任务的能力，能够从空中、海上和陆地各个方向实施连续的突击，而且其战斗部必须能够对付各类不同的目标，包括十分坚固的防御工事、地下工事和一些特殊的设施。

图 5.2　能够发射精确制导炮弹的自行火炮

在火力的作用下，实施全纵深打击，为作战行动带来了更大的机动性。一体化作战的理论，将火力与兵力机动协调为一个整体，机动的规模、范围在扩大，速度也随之提高，体现了对作战能力综合的机动运用。在现代条件下，面对先进

特种作战执行渗透、袭扰、破坏、策反、攻心、搜捕、解救人质、指示目标、收集情报等。

的侦察手段与器材，机动是最好的实现突然性的行动方式，突然的火力或兵力的降临，造成敌人的措手不及。机动的作用就在于它能够迅速地打乱敌人的作战体系与部署，使其陷入瘫痪与被动，因为机动总是针对敌人重心进行的，所以容易最快地实现作战的目标。

火力战还符合安全的作战原则，远程火力、非接触方式，为自己带来最大的安全。全纵深的火力又给敌人查明与判断情况带来困难，增加军队和民众的恐惧感。

5.5 特种作战

近几次战争的实际，表明特种作战正在被广泛地运用，在阿富汗战争和伊拉克战争期间，美军动用了大量的特种部队，广泛地执行各种秘密或公开的任务，包括执行渗透、袭扰、破坏、策反、攻心、搜捕、解救人质、指示目标、收集情报等。

特种作战的发展趋势：一是规模在扩大，由以往的小分队作战向较大规模的部队作战发展。不仅特种部队规模扩大，而且其体制也在不断地完善，质量在不断地提高。这与当前的国际形势是密切相关的，爆发世界大战、核大战的可能性越来越小，而常规的、非常规的、规模与涉及地区有限的局部战争接连不断，特别是近年来的反对恐怖主义行动战争的出现和发展，反恐、维和、禁毒、反颠覆等作战行动在增加，特种部队的用武之地越来越多，特种部队作为快速反应部队的重要组成部分，在低强度冲突中具有消耗低、效益高、灵活

特种作战行动已经突破了战术范畴，向战役和战略的层次发展。

性大、风险小的优点，是应付局部战争和冲突的理想工具。二是作用与地位进一步突出。特种作战行动已经突破了战术范畴，向战役和战略的层次发展，不仅成为联合作战行动的重要组成部分，而且有时其具有独立的作战目标与目的。从伊拉克战争中美军特种作战行动所执行的任务看，涉及破袭、策反、情报、暗杀等多种性质，达成的军事、政治意义也十分突出。三是特种装备的高技术程度和特种部队人员的素质在提高。特种部队人员的专业化，不仅要具有良好的体能，熟练的技能，在执行任务时，每个人都必须具有相关的知识，而且还必须是某一方面的专家，涉及到弹药、通信、武器、气象，甚至包括民俗、政策、心理等领域。在装备方面，不仅要有先进的间谍器材、通信与监听、化学生物探测与侦察装备，还要有轻便的武器，眩晕弹，超强的爆破弹，目标指示器材，卫星定位器材等先进的技术装备。四是特种作战的范围进一步扩大，由地面、浅近纵深向全纵深、全方位、立体化方向发展。

有特种作战就必然导致反特种部队作战的产生和发展，特种部队行动突然诡秘，让人捉摸不到，反特种作战有相当的困难，仅仅依靠正规的大部队是不现实的，必须紧紧地依靠人民群众，建立完善的反特种作战的网络，使反特种作战的触角覆盖作战区域的每个角落，并建立快速、精悍的机动作战力量。同时依靠先进的科学技术与手段，及时发现并提前干扰和打乱其行动计划，切断其与外界的联系。总之，反特种作战必须列为一个现代的战争课题，认真地加以研究。

战争是政治、经济、技术、人员素质等的全面较量，几十天的现代战争往往要用几百亿美元的直接军费。

5.6 代价大伤亡小

现代作战，技术兵器充斥战场，战争代价昂贵，打的就是经济实力，战争是政治、经济、技术、人员素质等的全面较量，几十天的现代战争往往要用几百亿美元的直接军费，表 5.2 列出了美军近期几场战争的经费开支等基本情况。

表 5.2 美军近期进行的四场战争的基本情况

	海湾战争	科索沃战争	阿富汗战争	伊拉克战争
作战地区环境	沙漠地形	75%的山地地形	80%的山地地形	沙漠地形
参战兵力	54.5 万人	11 万人	先后投入 18 万人	25(32.5)万人
持续时间	43 天	78 天	14 个月	43 天
地面作战	4 天	无	空中打击与特种作战	快速决定性作战
阵亡人数	148 人	零伤亡	16 人(另误伤 23)	149 人
直接战争费(美元)	610 亿	120 亿	220 亿	600 亿～900 亿

从人类整个战争史来看，战争造成的伤亡是下一代战争比上一代要高，到第 2 次世界大战时达到顶点，持续 6 年之久，全世界伤亡人数近 5000 万。在现代条件下，人员的伤亡呈下降的趋势，原因主要有以下几个：一是，作战队形上参战部队的配置更加疏开，据统计，上世纪 20 年代，战场上每平方公里平均配置人数为 400 多，40 年代是 80～90 人，到了 80 年代就只有 30 人左右了。防御的一方，以一个排的兵力据守一个支撑点(要点)，就可以控制近一平方公里的面积；

有人将未来的武装对抗划分为武装冲突、局部战争和地区战争、大规模战争和非传统战争四大类。

为了在连绵的战线上进行突破，进攻一方需要打开突破口，突破地段上兵力十分密集，一个、二个，甚至三个师（应该是几万人）集中在正面一两公里、纵深10余公里的狭窄地段上，密集的配置必然带来较大的伤亡。二是，作战形式上更加机动。火力机动的范围覆盖整个战场，实施全作战区域打击，目标显得分散。三是，作战目标的变化。作战不再是以歼灭敌人有生力量为主要目标，而是力图“斩首”或迅速使敌方丧失抵抗能力。四是，作战行动的非直接接触，打击的对象不那么集中，精确的火力突击，都是人员伤亡减少的原因。

5.7 战争形式多样

有人将未来的武装对抗划分为武装冲突、局部战争和地区战争、大规模战争和非传统战争四大类。

武装冲突是指使用武装暴力手段解决相邻国家间或某一国家内部的领土、民族、种族、宗教及其他矛盾的最尖锐的形式。在这种情况下，国家（一国或多国）不转入称为战争的特别状态。主要的内容是人数有限的正规兵力或非正规武装力量，较小规模的战斗行动和武装遭遇。这也就是美国所说的“低强度冲突”。其主要特征是国家不宣布进入战争状态，实际上多数表现为一个国家内部的某种矛盾上升形成的动乱和经常发生在相邻国家之间的边境冲突。武装冲突与战争有区别，但它又经常升级成为战争的开端，现代的许多武装冲突，特别是规模较大的武装冲突都明显地带有国际性。

局部和地区战争是指处于武装冲突和世界大战中间状

人们将世界大战理解为覆盖世界大部分地区的国家同盟(联盟、集团)使用武装暴力手段的全球性对抗。

态的一种战争。这是当前和将来对国际稳定与和平构成主要威胁的战争类型。地区战争是指发生在一个地区范围内，由两个或几个国家参加的目的和范围有限的军事冲突；局部战争则指未达到地区战争规模，发生在两个以上国家之间或者是一个国家内部的社会集团(阶级)之间，目的和范围都有限的战争。实际上地区战争与局部战争区别不大，因为多数的发生在一个国家内部的战争都有着浓重的国际背景。

大规模战争就是世界大战，在 20 世纪发生过两次。人们将世界大战理解为覆盖世界大部分地区的国家同盟(联盟、集团)使用武装暴力手段的全球性对抗。发生在 20 世纪的世界大战，残酷的程度、人员的伤亡、物质的消耗在人类历史上是空前的。其结果是摧毁了旧的世界政治体系，出现了新的政治体系，改变了世界的政治格局和总体力量的对比。正是由于世界大战会给人类造成巨大的灾难，所以都在讨论如何避免它的发生，但谁也不能说这种战争不会发生，多数国家特别是一些大国，国防和武装力量建设的着眼点还都在针对着世界大战来进行。几十年来采取的遏制手段，诸如军备竞赛、和平竞赛、核威慑、裁减军备、武器限制谈判等，还有通过一系列的地区性的局部战争，来避免大战的爆发。

如果说第 1 次世界大战中，交战双方的相互毁伤是在双方的前沿，战术的地带内实施的，那么到了第 2 次世界大战，双方的毁伤区域已经覆盖了战役的全纵深，甚至包括了部分国土设施，可以预见，新的世界大战一旦爆发，毁伤的绝不仅仅是对方的军队，必然包括关系到国家生存的所有设施。过去达到毁伤的基本手段是炮兵、坦克和飞机，那么，今后主要

最近，在世界范围内出现的恐怖主义与反恐怖主义的战争，越来越受到人们的重视，这是一种形式更为特殊的对抗和斗争。

就是空中、太空武器，导弹和其他的一些高新武器。

非传统战争是近来新出现的一种对抗方式，是随着科学技术的发展，新出现的和原来一些在武装冲突和战争中只起辅助作用的方式和手段，现在或将来不仅可以单独使用，且其作用越来越大。不能只以是否产生火力毁伤作为对抗和战争的惟一标志，如“冷战”，主要的斗争形式是政治、外交、经济、信息、心理和特种行动，结果是在某些情况下，不直接使用武力也达到了预期的政治目的。俄罗斯著名的作家瓦西里·别洛夫说：“战争就是战争，管它是‘冷战’还是‘热战’，非传统战争除了有‘冷战’外，还有心理战、信息战。”

最近，在世界范围内出现的恐怖主义与反恐怖主义的战争，越来越受到人们的重视，这是一种形式更为特殊的对抗和斗争。其特点：一是规模大小不等，小到绑架、暗杀、袭扰，大则形成局部战争，阿富汗战争就是一场相当规模的反恐战争；二是恐怖行动神出鬼没，以种族或宗教等为起因的恐怖与报复行动，大多不受国界或地区的限制，极难防备；三是恐怖行动既坚决又残忍，一些人体或汽车炸弹，多以自杀形式使用，操作者已将个人生死置之度外，不管目标是否准确，自己是否到位，周围环境如何，无关的人员多少，有时完全是一种不计后果的攻击行动。所以，恐怖行动对人们的精神威胁，往往大于直接损失。四是许多恐怖行动是得到一些国家或集团的支持与援助的，背景十分复杂。这是一个新的既复杂又严峻的课题，有待于深入研究。

6 现代科技在最近几次局部战争中的体现

6.1 海湾战争

在20世纪90年代之初，随着新的军事变革的发展，爆发了人类历史上的第一场高技术条件下的战争——海湾战争。这是在新的军事革命初期，科学技术的发展由工业时代向信息时代过渡过程中发生的一场战争。

海湾战争的起因与简要过程

1990年8月2日，伊拉克军队悍然入侵科威特，将这个富有而弱小的国家划入

伊拉克从科威特撤军的限定日期刚过两天，多国部队就开始了“沙漠风暴”行动，海湾战争随即爆发。

自己的版图，在获得了至关重要的出海港口的同时，采取扶植傀儡，掠夺财物，强化统治等手段，全面兼并了科威特。伊拉克萨达姆政权的侵略行径遭到国际社会空前一致的谴责，并要求伊拉克撤军。在随后的几个月里，针对伊拉克的非法行为和对科威特的继续占领，联合国安理会陆续通过了12项决议，最终于12月29日决定，如果伊拉克到1991年1月15日仍不撤出科威特，联合国各成员国有权使用“一切必要的手段”执行先前通过的各项决议。为了控制海湾地区的形势和防止伊拉克继续入侵其他海湾国家，并为多国部队的组建、完善、集结与展开创造条件，美国从8月4日确定实施“沙漠盾牌”行动，8月6日下达了向海湾地区部署军队的命令，8月7日即开始向地区部署部队，8月9日美第82空降师的部队空运抵达海湾地区。

到海湾战争爆发前，以美国为首的多国部队一共有70多万人，1800余架作战飞机，1700多架直升机，200余艘战舰，3700多辆坦克和2200余辆装甲输送车。伊拉克军队的兵力达54万余人，有坦克4280辆，装甲战车2800辆，火炮3200门，作战飞机700多架，战舰40余艘。萨达姆的军力庞大，居世界第四位，且有与伊朗多年作战的经验，拥有先进的火炮、T-72坦克、现代化的米格-29飞机、弹道导弹、生化武器和先进的防空系统。

伊拉克从科威特撤军的限定日期刚过两天，多国部队就开始了“沙漠风暴”行动，海湾战争随即爆发。

从1991年1月17日凌晨3时开始，到2月28日上午11时宣布停火为止，多国部队出动11.2万架次飞机对伊拉

1991 年的海湾战争预示着新战争形态的出现。

克和伊军占领的科威特全境进行了为时 38 天的空袭,加上支援地面作战中的空袭,一共达 43 天之久。按计划,战争分为四个阶段:第一阶段为战略空袭,计划主要的攻击持续 6 天,但在战争的其余时间里,仍保持低强度的空袭,以便继续攻击战略目标,保持对伊拉克的压力,并攻击尚未摧毁和新发现的目标。第二阶段集中力量夺取科威特地区的空中优势,持续时间约 1 天。与第一阶段一样,尔后还保持低强度的空袭,继续压制伊拉克的防空系统。第三阶段是战场准备,重点打击伊拉克的共和国卫队,将伊军的战斗力削弱一半,从第二阶段结束开始,预计要持续 10～12 天,但实际上持续到地面进攻开始为止。第四阶段是地面战役,从 2 月 24 日起到 2 月 28 日结束。

海湾战争的主要特点

对于这场战争有许多评述,美国参谋长联席会议主席沙利卡什维利说,海湾战争"反映了正在进行中的新军事变革","我们正在进入一个战争新时代"。美国军事理论家坎彭惊呼,海湾战争是世界上"第一场信息战争"。美国陆军上将弗立克斯也说:"我们从海湾战争中看到了新军事变革的曙光。"美国著名的未来学家托夫勒认为:"1991 年的海湾战争预示着新战争形态的出现。"俄罗斯军事理论家基理连科说:"'沙漠风暴'行动预示着战争形态急剧变化时期的来临。"英国《星期日泰晤士报》指出,海湾战争"是一个伟大的新战争时代来临的先兆"。我国的大部分军界人士认为,海

战争的形态在科学技术的带动下正在发生变化。

湾战争是一场划时代的高技术战争。这些评述表明:人类的科学技术进步,从20世纪中期的核技术、60年代的航天技术,到80年代开始的信息技术已经在军事和战争领域有所反映,战争的形态在科学技术的带动下正在发生变化。

无疑,这是一场公认的高技术战争。高技术战争是指交战双方或一方使用高技术武器装备以及与之相适应的作战方法进行的战争。由于高新技术在军事和战争领域的广泛应用,使武器装备产生质的飞跃,作战效能空前提高,从而改变了战争的原有形态,使战争呈现高技术特征。海湾战争是一场武器装备技术优势的较量,信息与传统的火力、机动力和防护力一样,成为构成战斗力的要素,战场的大纵深、全方位、多层次立体特征明显,作战行动向高速度、全天时发展,远程的、高精度的打击成为毁伤目标的重要手段,作战方式也发生重大的变革,电子、信息、导弹、空战、远距离作战、夜战、联合作战、机动作战的比重增加,地位上升。海湾战争就是一场使用常规武器进行的、作战规模与目的都有限的高技术战争的一个初始战例。它具有以下特点:

(1) 周密的准备

以美国为首的多国集团在开展政治、外交活动的同时,积极进行战争准备。美国从1990年8月初开始的“沙漠盾牌”起,到1991年1月17日“沙漠风暴”战争爆发的5个多月里,进行了周密的准备工作。

一是广泛的战争动员。在国内,美国国防部根据作战实际需要,在已征召20万预备役部队的基础上,扩大征召数额,授权各军种按36万预备役部队总兵力征召。其中,陆军

海湾战争就是一场使用常规武器进行的、作战规模与目的都有限的高技术战争的一个初始战例。

22万，空军5.2万，海军4.4万，陆战队4.4万。至海湾战争结束，实际征召预备役总兵力达211 461人，其中陆军127 268人，海岸警卫队809人。共约有15万人赴海湾参战。在国际上，美国主要做了动员国际舆论，孤立伊拉克，对伊实行封锁与禁运；动员有关国家派部队参战，派勤务人员支援；出动政府官员到世界各地游说，为战争筹款；动员外国的海运手段弥补本国运力的不足，共租用外国货轮78艘等4件事。

二是建立作战布势。美国与多国部队所建立的对伊作战布势具有立体、多功能和灵活等特点。陆军集团编有主攻及助攻集团，以坦克装甲部队为主，加强有伞兵(空降)部队，具有高速的机动与突破能力；还编有快速纵深突击集团，由空降军加强轻装甲师组成，是一支立体垂直突破力量，并都配以海、空军的支援集团。作战布势的主体部分都能随时改变突击行动的方向和突击行动的样式。如战争中美军原计划从南面展开主攻，在地面作战开始不久，针对伊军在西部沙伊边境没有配置重兵设防的情况，立即将主力集团突然快速向西机动300多公里，改为向伊军主力集团的西侧实施主要突击，造成伊军来不及调整作战部署，陷入被动挨打的境地。

三是重视临战训练。美军与多国部队到达战区后，立即进行各种临战训练，除一般内容外，主要进行适应沙漠地行动，了解当地习俗和防生化武器袭击的训练，来自美国本土的师都得到了新型的M1A1主战坦克，进行了改装后的坦克手训练，导航与夜战训练等。空军部队除进行适应沙漠地区

> 美军在制定作战计划时，进行了大量的作战模拟，选择了对伊拉克来说是完全突然的、对多国部队来说是可以接受的不依靠陆军集团的行动方案。

环境的训练外，主要是空中管制与安全和空中加油训练。先后还进行了多次不同级别、不同规模的战前演习。虽然有些美军部队在国内加州欧文堡国家训练中心进行过沙漠地行动的训练，但实际的战区环境训练，实战证明对美军部队大有裨益。

四是制定周密的作战计划。值得注意的是，美军在制定作战计划时，进行了大量的作战模拟，在 1990 年 8 月至 1991 年 3 月的 8 个月里，制定了 200 多个以不同方法开始、进行和保障多国部队对伊拉克军队实施作战行动的方案。作战模拟表明：多国部队在合成兵团的数量远不如伊拉克，其比例是 1∶4，炮兵比例是 1∶2。如果这场战争的主动权从战争开始就在伊拉克方面，那么多国部队 50 万人的总兵力中，人员损失会超过 2.5 万人。而美国社会是不能允许战时有这么多人员伤亡的。经过多次模拟，选择了对伊拉克来说是完全突然的、对多国部队来说是可以接受的不依靠陆军集团的行动方案。模拟还表明，空中、太空突击阶段的时间至少要持续 35 个昼夜，至少要用 300 枚海基、空基高精度的巡航导弹。

(2) 长时间空袭

以美国为首的多国部队每天集中 2000 余架飞机，以近 3000 架次的密度，进行空中突击，长达 38 天之久，占整个交战时间的 90%。通过这种长时间的空袭，基本上破坏了伊拉克的战争潜力和军事实力，毁伤伊军地面兵力达 40%以上，近一半的师失去了作战能力，使伊军的空军损失在 30%以上，海军损失 90%以上，孤立了伊拉克海湾地区的陆战场。

"空地一体"的作战理论的实质是向战场的全正面和全纵深同时实施进攻。

海湾战争的实际表明:在现代高技术战争中,空中突击作战,不仅可以成为独立的作战阶段,而且是摧毁敌人的战争潜力、消灭敌人的有生力量和重兵器的主要手段。

(3) 高速度突击

美军在20世纪80年代初提出了"空地一体"的作战理论,在海湾战争中,这一理论得到了实际运用和检验。该理论的实质是向战场的全正面和全纵深同时实施进攻。战争中,突出了快速纵深突击集团的作用,由空降师和装甲师组成,在空炮火力掩护下,直升机机降部队首先突入纵深,在战线后100km左右的地区夺占并建立前进基地,展开袭击,等待轻装师的到来;巩固胜利后,立即向下一个地区跃进,3天之内建立了两个前进基地,进行了34次空降突击,推进了200多公里,以空前的高速完成了对伊军的分割包围。在100h的地面作战过程中,第18空降军的先头部队在战场上机动推进了410km,以坦克为主的第7军在包围伊军的行动中机动了240km。这种空降部队突击与装甲部队突击相结合,是现代战争中最有效的立体机动突击作战样式,是机械化战争在高技术条件下的突出表现。

(4) 精确打击

在战争过程中,许多国家的电视节目中反复转播1991年1月18日,从肯尼迪号航空母舰起飞的一架飞机发射的第一枚巡航导弹飞行100多公里,将巴格达一家发电站机房的墙壁打了个圆孔,两分钟后另一架飞机发射的第二枚巡航导弹准确地通过这个圆孔进入机房后爆炸,表明这类导弹的命中精度达到几十厘米量级。

精确打击是高技术战争的重要标志。武器的可控带来战争的可控，利于进行局部的有限战争和达到有限的战争目的。

在海湾战争中，美军使用的精确制导弹药虽然只占8%，却摧毁了伊拉克重要目标的80%。

精确打击武器的使用，必须有充分的信息保障，包括目标信息、战区的地形信息、有关的天候信息等。精确打击是高技术战争的重要标志，随着信息技术、武器射程、运载与投掷技术的发展，其在战争中的作用越来越明显。武器的可控带来战争的可控，利于进行局部的有限战争和达到有限的战争目的。其特点：一是精确打击对方的重要战略目标，短时间内摧毁敌方的战争潜力、作战指挥系统，能够迅速达成作战目的。后来的"斩首"行动就是实际体现。二是远距离的精确打击，对方很难进行有效的还击，使打击者相对安全，被打击者如果信息能力差，甚至会找不到袭击来自何方。三是不受地理因素的影响，影响作战的地理因素主要有距离、高度、地形、地物、地貌、气象等。精确武器几乎不受这些因素的影响。四是减少了战争的附带伤亡和附带消耗，在第2次世界大战中，为了摧毁一个传统目标，如铁路枢纽站，需要出动飞机4500架次和投掷航空炸弹约9000枚。越南战争中虽然武器精度有所提高，但同样的目标，也需要190枚航空炸弹和近100架次的飞机。在海湾战争中，完成这样的任务，有5枚巡航导弹就够了。由于大量减少弹药，从生产、保管、检测、运输到战场前送，所需人力物力的节省也是相当可观的。

(5) 有力保障

美军要在两个月内将几十万军队从世界各地调往海湾地区，并做好战争准备，保障工作十分艰巨。主要采取了以下措施：一是启用海上预备船队实施应急保障。全部启用了

美军要在两个月内将几十万军队从世界各地调往海湾地区，并做好战争准备，保障工作十分艰巨。

图 6.1　正在发射的导弹

3 个海上预备船中队，2 个负责为空运到沙特的 2 个海军陆战旅运输装备和物资，1 个负责运输陆空军的弹药、医疗与补给品等其他物资。部署在印度洋迪戈加西亚的 5 艘预备船，在美国出兵海湾的 1 周内首先运载物资和装备到达沙特港。二是用后勤补给船实施伴随保障。在海湾战争中，美军为夺取海空优势，在中东四周海域先后投入 7 个航母编队和

美军以本土东、西海岸为大本营，集中本土采购的作战物资，向海外各基地分发。

1个特混编队，作战舰船达100余艘。后勤补给任务十分繁重，如“中途岛”号航母虽然只有6万多吨，但这个航母编队每隔4～5天就要补给6万吨燃油，8500吨弹药，3万吨航空燃料，1200吨其他作战物资，总计达10余万吨。为使在海湾地区的航母编队能够随时投入战斗，美军在充分利用陆岸基地补给的同时，还为每个航母编队配置了2～3艘补给船和供应舰进行伴随保障。三是建立与远离本土作战相适应的链条式保障关系。美军采取了纵深梯次部署实施接力保障的方法，以部署在美国本土东、西海岸的海军基地为大本营，集中本土采购的作战物资，向海外各基地分发；然后由军事海运司令部的船队、国防预备船队及动员和租用的船只，组成战略海运部队，将作战物资运往地中海各基地、迪戈加西亚基地和海湾国家有关港口的前进基地，由各种专业保障船为航母编队实施直接补给。四是组织周密的地勤、空勤保障。为保障战略空运的实施与安全，调集了各方面的力量，组织了周密的地勤、空勤保障，包括成立战勤指挥机构，专门负责组织空运的地勤与空勤保障；调整地勤、空勤的保障力量，做好地面场站服务工作，组织空中加油等。

信息战的情况

（1）兵马未动，信息先行

在以往的战争中是“兵马未动，粮草先行”。而如今进入了信息时代，在这次的海湾战争中，多国部队在战前就开通了足够的信息系统，为兵力的集结、部署和尔后的作战行动

在以往的战争中是“兵马未动，粮草先行”。在海湾战争中，多国部队在战前就开通了足够的信息系统，为兵力的集结、部署和尔后的作战行动提供信息保障，真可谓“兵马未动，信息先行”。

提供信息保障，真可谓“兵马未动，信息先行”。

在1990年8月初，“沙漠盾牌”行动伊始，美军中央总部司令施瓦茨科普夫及其参谋人员，带指挥通信分队及大量的通信器材先期到沙特阿拉伯着手建立前沿指挥通信系统，到8月底，美军在海湾战区建立的C^3I系统已经初具规模，包括建立了中央总部前沿指挥部，即海湾战区信息系统中心。它是美国全球指挥控制系统的一部分。海湾战争虽然属于一场局部战争，但它所涉及的活动是全球性的，需要运用太空的侦察卫星、通信卫星、定位导航卫星、气象卫星及美国本土、欧洲、亚洲和大洋洲的地面通信设施。

“沙漠盾牌”行动，既是集结兵力、装备和物资的过程，也是战区内系统不断完善、全球信息系统不断调整与充实的过程。这期间，美军不仅调集了BC-135、TB-1A、U-2高空侦察机，E-8A、E-2C空中预警机，RE-4B/C、P-3反潜巡逻机等空中侦察系统，还组织了包括39个无线电侦收基地、8个电子侦察营、5～7个电子侦察连、11个装甲侦察营共约13 000余人的地面侦察系统，从而构成了一个太空、空中、海上、地面和电磁侦察手段相结合的立体化、大范围的侦察、定位导航、监视网系统，对伊拉克的战略目标和电磁信号进行全时的跟踪监视，为空袭前与空袭中实施信息压制创造了有利的条件。

在这一阶段，以美国为首的多国部队建成了许多不同级别、不同类型的指挥控制中心，有固定式与机动式的，还有空中、海上与地面的，从而形成了十分完善的指挥控制网。28个参战国在其本土都建有军事指挥部，在海湾地区则开设了

在信息传输方面，多国部队有 26 颗卫星组成的综合通信系统为其战略、战役、战术级的作战行动提供通信保障。

指挥控制中心。在这些国家中，美国建立的 C^3I 系统最为完善，它分为 3 个层次。第一层是以美国本土的全球军事指挥控制系统为主体的战略指挥系统；第二层为由驻沙特中央总部的前线指挥部和陆、海、空等司令部机关指挥中心构成的海湾战区指挥系统；第三层是由战术空军控制中心、旗舰指挥中心、陆军军师级指挥中心构成的战术指挥系统。在海湾战争中，美军首次建立了战区 C^3I 系统，从中央总部前线到各军兵种司令部机关、军师司令部机关，以及大型的武器系统，都有自己的 C^3I 分系统或终端设备，并与全球卫星通信系统、国防数据通信网、战场全数字地域通信系统等互联互通。利用这种战区 C^3I 系统，不仅可以实现战场情报信息共享，提高协同作战能力，而且还可以帮助战场指挥官准确判断情况，快速定下决心和及时传递作战命令，极大地提高了作战指挥的效能。美军仅在中央总部就配备了 1300 部台式计算机、350 台便携式计算机、10 个计算机局域网。美军各级司令部还使用了 125 台高性能的传真机，可将卫星拍摄的高清晰度图片实时地传送给战场上所有的指挥官。

在信息传输方面，多国部队有 26 颗卫星组成的综合通信系统为其战略、战役、战术级的作战行动提供通信保障。中央总部前沿指挥部利用由微机组成的局域网与下级指挥机关进行信息传输。海湾地区的美军信息系统传输网络有 100 多条国防卫星通信系统的卫星链路，9 条系统干线，300 多条国防系统交换网语音干线，30 多条自动数字网报文通信线路，以及大量的用户专用线路、点对点线路和数据通信线路。美军在战前建立的战区信息网络可容纳十几个国家

在情报侦察方面，各种侦察卫星发挥了重要作用，全部情报信息中有90%是由卫星提供的。

的信息处理、传输设备和通信机构。在海湾地区90天的通信量比欧洲40年的还多。开战后的高峰期，战区信息系统创造了每天70多万次电话呼叫和12.5万次电文传递的世界记录。另外，它还管理着3.5万个无线电频率。

为了更快捷地处理信息，美军在中央总部前方指挥部装备了多台大型电子计算机，在部队中使用了上千台新型台式计算机、激光打印机，以及数千个系统软件与外围设备。这些设备与数据传输网络和其他通信线路连接，形成了一个庞大的自动化信息处理与传输系统。

在情报侦察方面，各种侦察卫星发挥了重要作用，全部情报信息中有90%是由卫星提供的。卫星不仅用于侦察伊拉克的军事目标，而且对派往海湾地区担任作战和运输任务的各种飞机、舰船进行监视，为控制作战行动和运输行动提供实时的情报保障。派往沙特的美军部队指挥官每人配有一个袖珍计算机终端，可以直接接收卫星提供的作战情报。在战区，美军使用的情报系统包括：在太空运行的照相侦察卫星、电子侦察卫星、导弹预警卫星、气象卫星、大地测量卫星；空中侦察机、无人驾驶侦察飞行器；地面的侦察部（分）队、雷达、夜视器材，设在海湾地区及周边国家的电子情报站，派往海湾地区的电子侦察部队和投掷式地面传感器和海上的电子侦察船等。由这些构成了太空、空中、陆地、海上、水下立体化、一体化、全方位的信息侦察系统。各军种各级指挥机构都可以根据需要使用这一系统，做到信息资源共享。这些信息还被输入信息系统的信息处理中心，将不同侦察手段、不同渠道、不同侦察平台得到的信息进行分析与加

在部队与物资装备的管理与运输行动中，关键不在于运输工具，而是可行的运输计划、组织和协调工作。

工处理，对照筛选，去伪存真，使信息变成有用的情报。

在部队与物资装备的管理与运输行动中，美军的战略运输控制管理信息系统发挥了重要的作用。在短短的几个月里，美军共运送了50多万部队人员，1100多万吨物资装备。这么短的时间内完成如此巨大的工作，关键不在于运输工具，而是可行的运输计划、组织和协调工作，如果仅靠参谋人员的手工作业是难以完成的，只有依靠自动化的大型信息系统。美国的战略运输控制管理系统，储有各部队、各种物资装备的所在地、需要的运输工具数量、运力所在的位置及运输线路等相关数据，可以根据运输的优先顺序和时间、地点、运输条件等情况，自动选择最佳的运输方案，制定运输计划，并下达运输任务单，通过空中指挥控制预警飞机和卫星对运输过程进行监控，保障运输计划的实施。

这里，以海湾战区美空军的某一种作战飞机零件的运输过程为例加以说明。首先，海湾战区空军提出战斗机零件的需求单，在通信线路上传输给运输控制管理信息系统。该信息系统从数据库中查询出该零件在美国本土和欧洲的某个仓库中有货后，再查询在这几个仓库附近的机场上最近有无飞经海湾地区的运输机，运输机上有无装运该零件的空间和适宜的条件，从仓库到机场的最佳运输路线和运输工具。然后，确定零件的提货仓库和搭载的运输机，给有关单位下达运输任务单，统计出该零件的现有库存量，确定是否需要向生产厂家紧急订货。以上整个过程都是自动完成的。这就保证了海湾战区空军在提出需求单后的24h内即可得到所需要的零件。

美军将“打击伊拉克的指挥控制系统”确定为军事打击的第一目标。

(2) 把伊军的指挥控制系统作为首要的攻击目标

美军在信息战中，重视打击伊拉克军队的指挥系统，认为这是敌军的“头部”，不仅有眼睛、鼻子、耳朵等情报侦察系统，还是敌军的控制中枢——大脑，攻击这些部位能够使敌人迅速瘫痪，“群龙无首”而成为“一盘散沙”。

经过 5 个多月的准备后，于 1991 年 1 月 17 日凌晨，多国部队向伊拉克发起了进攻，开始实施“沙漠风暴”行动。在开始攻击的第一天，多国部队就集中对伊拉克军队的 C^3I 系统及相关的设施进行大规模空袭。美军中央司令部 1 月 17 日发布的第 1 号作战命令，就将“打击伊拉克的指挥控制系统”确定为军事打击的第一目标。在“沙漠风暴”行动空中作战计划确定的 12 个目标中，排列在前 4 位的分别是：领导指挥设施、发电设施、电信和 C^3I 枢纽、一体化战略防空系统。而对伊军地面有生力量的打击，却只被列为第 11 号目标。由此可见，对伊拉克军事指挥控制系统的打击，是以美国为首的多国部队夺取“制信息权”，确立信息优势的重要手段之一。打击这一目标群，能够从根本上破坏或瘫痪伊军的战略信息系统，破坏伊拉克最高军事当局的指挥决策行动。这些目标多集中在巴格达，攻击主要由 F-117 隐形战斗轰炸机和巡航导弹实施。

电力，对于现代指挥控制系统及重要的信息设施的运转是必不可少的。虽然也可以利用备用的供电设备，但难免迟缓，供应电力有限，可靠性差，会造成指挥控制系统能力下降。同时，在电源转换时，计算机等设备会停机，同样会使指挥系统瘫痪。鉴于现代大规模空袭作战行动快，即使敌人的

> 多国部队在第一天就攻击了伊拉克整个的电力网中的所有重要输电枢纽。

电力只中断几毫秒,对于飞行员来说都可能是生死攸关的。为此,多国部队在第一天就攻击了伊拉克整个的电力网中的所有重要输电枢纽。

电信和 C^3I 枢纽,对于军政首脑向作战部队发布命令,传送情报,与指挥人员保持联络,部署和使用兵力都是极为重要的。为使伊拉克 C^3I 系统的通信枢纽失灵,多国部队在空袭第一天还轰炸了伊拉克的微波中继塔、电话交换台、配电室、光纤通信关节点及载有同轴电缆的桥梁。由于伊军可将民用通信设备转为军用,多国部队还同时攻击了伊拉克的邮电部、电话交换中心等民用通信枢纽。在海湾战争的地面进攻发起前,多国部队的大规模空袭持续了 38 天,这期间对多国部队空军威胁最大的是伊军的一体化防空系统。战前,美军已经通过多方面的侦察得知,伊拉克将本土及其占领的科威特划为 5 个指挥控制区,每个控制区都设有一个由防空导弹、高炮严密防护的区域作战指挥设施,每个指挥设施又有 7 个战斗机作战中心,负责指挥控制伊军的作战飞机,这些中心通常建在地下约 6m 深的坚固掩体内,每个中心装有 5～6 部预警雷达、防空导弹及高炮。在多国部队的作战计划中,要求空中力量首先摧毁伊拉克空军和陆军的防空系统。

“沙漠风暴”行动的开始时间是 1 月 17 日凌晨,实际上攻击是从 1 月 16 日 15 时 35 分开始的,携带常规空对地导弹的 B-52 战略轰炸机就已经从美国本土的路易斯安那州起飞,计划在 17 日 5 时发射空地导弹。17 日 1 时 30 分,美国战舰向巴格达发射“战斧”舰对地巡航导弹。这些机载和舰

多国部队第一天的空袭任务，是破坏及最终摧毁伊拉克的指挥系统和一体化的防空系统。

载导弹攻击的目标是伊拉克的指挥控制中心、通信枢纽、电力设施。2时38分，当“战斧”导弹还在飞行途中，美军直升机“诺曼底特遣队”在导航卫星和先进的夜视设备的保障下，准确地攻击了伊军防空雷达站。2时40分，美军的F-117隐形战斗机飞越边境，向伊拉克西部一个伊军防空区的作战指挥中心投下了“沙漠风暴”行动中的第一颗炸弹，以后又向伊拉克南部的另一个防空作战中心投下了第二颗炸弹。“诺曼底特遣队”和F-117隐形战斗机的攻击，在伊拉克的预警雷达覆盖区和指挥控制网上打开了一个缺口，为后续的非隐形飞机攻击机群开辟了一条通往伊拉克腹地的安全“空中走廊”。在这个走廊内及其附近地区，伊军虽然还有众多的防空力量，但它们已经失去了“眼睛”和“耳朵”，对多国部队空袭机群威胁不大。17日凌晨3时整，两架F-117隐形战斗机对巴格达市内的伊军指挥中心投下了首批激光制导炸弹。接着，多国部队的大批战斗轰炸机在空中指挥控制预警飞机的引导下，在大量电子战飞机的掩护下，沿着“诺曼底特遣队”和F-117开辟的“空中走廊”进入伊拉克境内，这就是大规模空袭行动的第一攻击波。空袭的目标也多是伊拉克的指挥控制设施、通信设施、电力设施、雷达站、导弹阵地等目标。多国部队第一天的空袭任务，是破坏及最终摧毁伊拉克的指挥系统和一体化的防空系统。在“沙漠风暴”行动的第一天结束时，巴格达市内及其附近的40多个关键目标被击中，其中包括10多个控制指挥机构、10多个防空和电力设施、10多个指挥通信的关键节点。此外，在伊拉克各地的指挥系统和防空系统也都遭到了沉重的打击。这种打击不是逐次进行的，而几乎是战争一开始就同时进行的，目的是让伊拉克的指挥系统从战争一开始就全面地陷入瘫痪。

在以后的空袭中，伊军的指挥控制、通信和防空系统继续受到多国部队空中力量和巡航导弹的不断袭击，造成伊军的指挥能力和防空能力从开战起就处于混乱和瘫痪状态，直到战争结束也未能够恢复。

多国部队，特别是美军，主要利用软、硬杀伤手段攻击伊拉克的指挥控制与通信系统。第一轮空袭前，多国部队使用包括 EF-111A、EA-6B 在内的数十架电子战飞机和地面电子干扰系统，从伊拉克北部对其纵深地区进行全面的信息攻击；空袭开始后，多国部队在预警机和机载战场指挥控制系统的指挥协调下，再次对伊军的指挥信息系统实施了强大的信息干扰，使其雷达被迷盲，通信中断，指挥失灵。与此同时，美军在信息战中还大量使用了硬杀伤手段，空袭刚开始，美空军的 F-4C 攻击机便率先起飞，用反辐射导弹对伊拉克的侦察与干扰辐射源进行火力摧毁。有 100 多枚海基“战斧”巡航导弹和约 600 架飞机，在两个小时内分 5 路攻击了伊拉克境内的 112 个目标。很快，伊军的 5 个相互连接的指挥控制区的指挥控制系统、35 个拦截作战中心、200 余部预警雷达、数百枚苏制地空导弹便全部被摧毁。

(3) 广泛实行信息对抗，确保信息优势

伊拉克的指挥通信系统还是比较先进的，基本上实现了自动化和网络化。多国部队在与伊拉克的信息对抗中，还实施了多种软杀伤性、非杀伤性的对抗干扰行动。而且这些信息对抗行动都是在 C^3I 系统统一计划、指挥、控制下实施的。

在这次海湾战争中，首次进行了作战场面的实况电视转播。

以美国为首的多国部队在海湾战争中广泛地采用了传单、无线电广播和高音喇叭广播等心理战措施。美军在科威特战区先后投撒了涉及33条不同内容的2900万份传单。1991年1月19日，即“沙漠风暴”行动开始后的第3天，多国部队建立的“海湾之声”无线电广播电台开播，从地面和空中播送多国部队与西方的声音，每天广播18个小时，直到战争结束，持续了40天之久。在多国部队中共有66个心理战高音喇叭小组，每个战术机动旅都编有这种小组。在整个战争期间，心理战宣传的内容随战局的变化而改变。在进驻沙特初期，宣传和平与友谊；在“沙漠风暴”行动开始后，又转向为鼓动伊军士兵叛逃，告诉他们投降的方法，有时还通知他们将要进行轰炸。在海湾战争中，多国部队开展的心理战在瓦解伊军士气、促使伊军官兵大量投降或开小差方面，起到了巨大的作用。据一位伊军师长说，心理战对部队的士气是一种极大的威胁，其威力仅次于轰炸。

值得注意的是，在这次海湾战争中，首次进行了作战场面的实况电视转播。美、英等国的电视记者从沙特的多国部队驻地、伊拉克首都巴格达和以色列首都特拉维夫，通过卫星，将多国部队发动攻击、巴格达遭受攻击和“爱国者”导弹大战“飞毛腿”导弹的实况向全世界播放。电视画面中充斥了炫耀西方国家武器实力，伊拉克损失惨重的内容。这对美英与伊拉克的观众产生了截然不同的心理影响。美军的公共事务军官还引导记者进行电视报道，通过电视有意散布一些假消息，如美军海军陆战队进行两栖登陆演习等。通过电视这一现代信息媒介，既可以进行心理战，也可以进行欺骗

在海湾战争期间，美军进行了两次成功的战役欺骗行动。

性的信息对抗。

海湾战争中，以美国为首的多国部队使用最多的软杀伤性信息对抗形式，是以电子侦察、电子干扰为主的电子信息对抗。电子侦察早在“沙漠风暴”行动开始前，甚至在海湾危机之前就一直进行着。在“沙漠风暴”行动中，电子干扰从未间断过，它是有史以来历时最长、规模最大、强度最高、干扰范围最广的电子干扰行动。在空中，有RC-153、RC-12D/H、RV-ID、EF-111A、F-4C“臭鼬鼠”、EC-130H、EA-6B等电子战飞机，EH-IU、EH-60、RD-21电子战直升机，多种执行电子干扰任务的无人飞行器，以及作战飞机自身携带的自卫性电子干扰装置；在地面，师与旅一级部队中编有专门的电子战分队，还使用投掷式和摆放式电子干扰机；在海上，有多种舰载式电子干扰装置。在干扰方式上，既有电子干扰，也有光电子干扰；既有主动式干扰，也有被动式干扰；既有压制性干扰，也有欺骗性干扰。从干扰的对象看，既有对通信、雷达、导弹等具体装备的干扰，也有对整个指挥通信系统的干扰。多国部队的电子干扰行动十分有效，它使伊拉克的无线电通信、雷达、导弹、飞机及火炮的电子火控系统等都失去了正常的工作能力，造成通信中断，雷达被迷盲，导弹飞机和高炮的制导与火控系统失灵。

在海湾战争期间，美军进行了两次成功的战役欺骗行动。第一次是在多国部队发动空袭之前。联合国规定的伊拉克最后从科威特撤军期限是1991年的1月15日，而空袭(即“沙漠风暴”行动)则开始于1月17日。尽管这时已经超过了撤军期限，从战略角度完全可以预料即将发动攻击。但美军的欺骗行动十分成功，它将伊军几个师的兵力吸引到科威特沿海地区。

伊军最为警惕的是1月15日与16日，当度过了平静的一天之后，伊军的警惕性相对地降低了，而多国部队恰恰选择这一时机发动了攻击。在1月15日之前的几十天中，美军就在沙特边境附近进行大规模的空中活动和一定范围的电子干扰活动。在发动攻击之前24h，多国部队又对伊拉克的电磁辐射目标进行了大强度的电子干扰，正当伊军指挥和防空系统的人员对此已经习以为常和疲惫时，多国部队开始了空中集结和大规模的电子压制行动，而伊拉克军队对此毫无察觉，多国部队实现了战术上的突然性。第二次欺骗行动是美军地面部队实施的“左勾拳行动”。在地面进攻开始前，美海军陆战队和其他地面部队引人注目地进行了两栖登陆作战演习，实施登陆作战的准备行动，如在可能登陆的地域附近扫雷。另外，还通过新闻媒介对代号为“沙漠军刀”的两栖登陆作战行动大肆宣传，使伊军确信美军地面部队进攻的主要方向是在科威特沿岸。与此同时，作为地面进攻主力的美国第7军和第18空降军在发起进攻的前一天，从科威特以南的原集结地迅速而秘密地向西转移了几百公里。美军还针对伊军的电子侦察发送掩人耳目的无线电信号，造成这两个军仍在原地区的假象。此外，美军还严格限制对科威特以西的沙特-伊拉克边境地区的侦察活动，以免暴露美军的真实意图。美军的这一欺骗行动十分成功，一方面，它将伊军几个师的兵力吸引到科威特沿海地区；另一方面，又在伊军毫无准备的情况下，使美军主力部队迂回到了伊拉克集结在科威特部队的侧后，迅速对其构成了包围之势。

在海湾战争中，人们不仅看到了信息、信息系统和信息

信息是战斗力的倍增器，是制胜的关键、本钱和王牌。

化武器装备的巨大作用，还开始认识到物质、能量和信息在战争中的相对作用将发生根本性的变化。在工业时代的机械化战争中，物质和能量起主导作用，那时常说打仗就是打钢铁，战争是火力战。但是人们在海湾战争中看到，从物质和能量对比上看，交战双方相差无几。伊军参战兵力 54 万人，坦克 4820 辆，装甲战车 2800 辆，火炮 3200 门。作为多国部队主力的美军共有兵力 52.7 万人，坦克 2200 辆，装甲战车 2800 辆。然而作战形势却是“一边倒”，伊军很快就损失了坦克 86%，装甲战车 55%，火炮 80%。在这次战争中，信息发挥了很大的作用。胜者拥有制信息权，可以自由地获取和利用信息，凭借信息优势使物质和能量都得到了充分地发挥。伊拉克一方虽然物质能量也不少，但没有制信息权，无法获取和利用信息，战场上物质和能量无法转化为实际的作战能力。

信息、信息系统和信息战引起了世界各国军界的震动，俄军认为，在未来的战争中，将主要使用精确制导武器、情报支援系统（即侦察、指挥、控制和通信）和电子战武器系统。由这三者构成的信息作战系统将对战术和战役法产生深远影响，从根本上改变战争的特性。美军则从这场战争中得出结论：“信息是战斗力的倍增器，是制胜的关键、本钱和王牌。”

6.2 1999 年的科索沃战争——典型的非接触方式的战争

科索沃战争是 20 世纪末发生的一场以空袭为主、规模最大、持续时间最长的高技术战争，其主要的作战样式是空

科索沃战争主要的作战样式是空袭、反空袭和信息战。

袭、反空袭和信息战。

1999 年 3 月 24 日至 6 月 10 日，以美国为首的北约组织不顾国际社会的强烈反对，违背联合国宪章，在“人权高于主权”的旗号下，未经联合国授权，对主权国家南斯拉夫联盟共和国（简称“南联盟”）发动了代号为“联盟力量”的军事行动，实施大规模空袭。在 78 天里，北约 13 个成员国共投入 4 艘航母、50 多艘其他作战舰只、1200 余架作战飞机，出动作战飞机 3.6 万余架次，发射各型导弹 2.3 万余枚，其中 35％为精确制导弹药，对南联盟的 40 多个城市的 1000 多个目标实施了大规模的空袭，南联盟的军事和民用设施遭到严重破坏，2000 多平民丧生，6000 多人受伤，近 100 万人沦为难民，直接经济损失约 2000 亿美元。

科索沃战争的简要经过

1999 年 3 月 24 日晚，南联盟的首都贝尔格莱德和科索沃省府普里什蒂纳等城市，失去了往日的热闹和喧嚣，显得格外的宁静，商店早早地关了门，街上不见行人。有消息传来，以美国为首的北约组织马上要轰炸南联盟。晚 7 点 50 分左右，在南联盟一种奇异的现象突然发生了：正在打电话的人耳机里听不到声音了，正在收听的收音机里是一片噪声，电视上是一片刺眼的雪花。就在这令人难耐的时刻，刺耳的防空警报声掠过夜空，随即人们听到“轰隆隆”的爆炸声，一团团火光腾空而起，南联盟的许多军事与经济的重要设施被浓烟吞噬。从美国本土起飞的两架世界上最先进的

科索沃战争实际上是一场马拉松式轰炸的战争，轰炸贯穿于战争的全过程。

B-2 隐形轰炸机，从英国费尔福德空军基地起飞的两架 B-52 战略轰炸机，还有从意大利基地起飞的 F-111 隐形战斗机、F-15 和 F-16 战斗机、幻影-2000D、美洲虎、旋风、F/A-18 等战斗机在夜幕的掩护下，从多个方向扑向南联盟。同时，停泊在亚德里亚海的美国企业号航空母舰战斗群，从军舰上发射了约 100 枚“战斧”式巡航导弹。由北约组织 19 个国家中的美国、英国、法国、德国、加拿大、意大利、荷兰、西班牙、丹麦、比利时、挪威、葡萄牙和土耳其等 13 个国家参加的首轮空袭，拉开了科索沃战争的帷幕。

北约对南联盟发动的这次代号为“决断力量”的空袭行动，首次突击持续了 5 个多小时，空袭分两个波次进行，打击的目标集中在科索沃内外和贝尔格莱德附近的导弹、雷达、防空系统、指挥和控制中心、军事通信设施、军工厂，以及航空设备生产厂等。

战争开始后，美国总统克林顿在白宫宣布：美国同北约盟国对南联盟的军事目标发起了攻击。并声称空袭的目的有 3 个：一是“显示北约反对侵略和支持和平是认真的”；二是“让南联盟为袭击手无寸铁的平民百姓付出代价”，使它不敢继续发动攻击；三是要“大大削弱塞尔维亚的军事力量，破坏它未来对科索沃发动战争的能力”。

科索沃战争实际上是一场马拉松式轰炸的战争，轰炸贯穿于战争的全过程，从使用的手段、战争进程中双方态度的变化，大体上可以分为 3 个阶段：

第 1 阶段：以炸迫降（3 月 24 日—4 月 12 日）

首先，北约组织力图用轰炸迫使南联盟屈服。前 3 天重

南联盟则采取抗击与谋求和平解决并举的方针，全国上下同仇敌忾，积极抗击北约的袭击。

点袭击南联盟的防空系统、贝尔格莱德附近和科索沃地区的重要目标，夺取制空权。在第1轮空袭前，美国的EA-6B电子战收音机对预定区域进行了强电磁干扰，使南联盟的通信陷入瘫痪。3月27日至4月2日除继续突击南联盟的防空与指挥系统外，还加强了对南联盟军队，特别是驻科索沃地区的南联盟军队的打击。从4月3日开始，规模和强度进一步升级，对南联盟境内所有重要目标进行24h不间断轰炸，不仅持续时间长，袭击的范围大，打击的目标扩大到南联盟的政府机关、能源与交通等影响国计民生的民用工业设施，力图最大限度地削弱南联盟的战争潜力，为可能进行的地面进攻做好准备。在这一阶段，南联盟则采取抗击与谋求和平解决并举的方针，全国上下同仇敌忾，积极抗击北约的袭击。特别在战争伊始，便成功地击落1架美F-117A“夜鹰”隐形战斗机，激发了南联盟军队的斗志。与此同时，南联盟的武装警察部队在科索沃地区也迅速地完成了对阿族非法武装“科索沃解放军”的清剿。4月7日，南联盟声明，为纪念东正教复活节开始单方面停火，但北约的空袭仍在进行。

第2阶段：炸谈并举(4月13日—4月25日)

经过近20天的轰炸，未能迫使南联盟屈服，在地面部队的部署又没有完全到位，发动地面进攻的时机不成熟，北约内部对是否派地面部队参战意见不一的情况下，一方面加大空袭的力度，不断地向波黑、阿尔巴尼亚和马其顿增派地面部队，加紧地面行动的准备。另一方面为了摆脱政治上的被动局面，北约开始摆出考虑政治解决的姿态，4月12日和14日北约外长会议和欧盟首脑会议分别提出了政治解决科

这一个月的轰炸给南联盟造成上千亿美元的经济损失，相当于这个国家10年的国内生产总值。

索沃危机的5点要求和6点方案，并对联合国秘书长安南和俄总统特使切尔诺梅尔金的外交斡旋表示支持，美俄两国外长还多次举行会晤，双方同意政治解决科索沃危机。南联盟军事实力与以美国为首的北约相差甚远，经济损失与日俱增，态度也有所松动。4月22日，南联盟表示接受俄总统特使切尔诺梅尔金的建议，在北约停止轰炸的情况下，准许联合国监督下的国际维和力量进驻科索沃。双方原则立场上的变化，给谋求外交努力解决科索沃战争带来一线希望。

在前一个月的空袭中，北约部队向南联盟境内发射了1500多枚巡航导弹，投下5000多吨炸弹。造成600多平民丧生，5000多人受伤，70多万科索沃人流离失所。除军事目标外，南联盟的汽车制造厂、炼油厂等许多骨干企业被炸成废墟，至少有50万人失去工作，200万人丧失生活来源。据统计，这一个月的轰炸给南联盟造成上千亿美元的经济损失，相当于这个国家10年的国内生产总值。

第3阶段：多种手段并用(4月26日—6月10日)

这一阶段北约采取了多种手段并用。政治上，力求在国际上最大限度地孤立南联盟，并利用南联盟内部不同声音对南联盟政权进行分化，迫使南联盟总统米洛舍维奇下台；经济上，对南联盟实施石油禁运、冻结境外资产等制裁措施；军事上，对南联盟实施开战以来规模和强度最大的空袭，对各种军事和民用目标进行狂轰滥炸；外交上，对南联盟软硬兼施，不接受南联盟先后提出的两个和平方案，同时又在停炸条件和向科索沃派国际维和部队等问题上降低条件，并高度评价俄罗斯和联合国的斡旋。紧紧拉住并充分利用俄罗斯

6月10日，持续了78天的科索沃战争宣告结束。

向南联盟施压。俄罗斯也逐步在停火条件、国际维和部队的组成等关键问题上放弃了原来立场，成为代北约向南联盟施压的调解人。5月6日，西方7国与俄罗斯在德国波恩就解决科索沃危机达成一致意见，同意芬兰总统阿赫蒂萨里代表欧盟与俄罗斯特使切尔诺梅尔金一起同南联盟谈判。5月7日，北约野蛮轰炸中国驻南使馆后，政治上陷入更加被动的境地，不得不加大政治解决的力度。南联盟由于损失严重，处境孤立，也主动采取一些表示和解的举措：释放了3名美军被俘人员，允许人道主义组织重返南联盟；于5月19日表示同意在联合国框架内就落实8国外长5点声明的细节进行谈判；28日，米洛舍维奇再次表示接受8国外长就政治解决科索沃危机达成的协议框架。国际社会的外交斡旋力度也明显加大。俄罗斯总统特使切尔诺梅尔金对美、英、法、德等北约核心国家和中国进行穿梭访问后，又先后3次到南盟斡旋，促使南联盟原则上接受了8国外长声明，并最终于6月3日完全接受了俄、美、欧提出的“和平计划”。6月10日，北约和南联盟双方军事代表签署撤军协定，南联盟当天开始从科索沃撤军，北约随后宣布暂停对南联盟空袭。至此，持续了78天的科索沃战争宣告结束。

科索沃战争的主要特点

俄罗斯的军事理论家B. N. 斯里普琴科将核战争称为第5代战争，认为核时代以后的常规战争是第6代战争，将其描绘为“高精度突击武器和防御武器，以新的物理原理制造的

科索沃战争没有地面和海上作战，完全是一场空袭与反空袭的战争，是典型的非直接接触方式的战争。

武器，电子战兵力和器材，主要目的是粉碎敌方经济潜力。以非接触方法进行的战略规模的战争”。“战法将是实施强大的信息突击和各种高精度武器的密集突击。”

科索沃战争没有地面和海上作战，完全是一场空袭与反空袭的战争，是典型的非直接接触方式的战争。可以从北约的空袭和南联盟的反空袭作战的情况，对非直接接触方式的战争有个基本的了解。

(1) 北约空袭作战特点

北约发动对南联盟的“联盟力量”行动是高技术的空袭作战，综合运用了新军事变革的阶段性成果，将信息作战、非线式作战、兵力投送、精确打击、防区外打击、战区外指挥等概念用于实战，其突出的特点有：

第一，利用信息和夜战优势实施远程精确打击。

从首轮攻击开始，北约即对南联盟实施强大的信息攻击，对南联盟的通信、电子和技术侦察、雷达等信息系统进行了全面的电子压制。具体步骤是先进行电子干扰和使用作战飞机施放“哈姆”高速反辐射导弹压制南联盟军队的侦察与监视系统，随后发射“战斧”巡航导弹等远程精确打击弹药，辅之以作战飞机近程投掷或发射精确制导炸弹或火箭弹，重点袭击南联盟的对空侦察监视系统。北约飞机都装有先进的夜视器材，夜间空袭的效果已无异于白昼。南联盟由于雷达、技术和电子侦察手段基本被压制，大部分情报只能依靠目视搜索，高炮部队也只能进行目视射击，精度有限。北约的空袭是实施精确打击，以空中和海上发射的“战斧”巡航导弹为主。为了弥补巡航导弹数量的不足，美军首次使用

非线式部署，避免了重要目标的集中，使对手难以防范和集中力量进行有效地还击。

了B-2隐形轰炸机携带“联合直接攻击弹药”实施防区外打击。北约的B-52轰炸机从英国的费尔福德空军基地起飞，在距目标区域几百公里之外发射巡航导弹，返回基地共需10余个小时。

第二，力量集结以“前沿存在”和“快速投送”相结合，重视战略机动和快速反应能力。

北约强调两点：一是灵活编组海空兵力，构成以陆基飞机为主的海空联合打击力量，由空军作战飞机担负主要打击任务，但考虑到空射巡航导弹的数量有限，还需要在前沿保持一定数量的作战舰艇，使用舰上发射的“战斧”巡航导弹打击目标。二是远距离分散部署。前期兵力在开战前分散配置于意大利、德国及亚得里亚海水域，甚至部署在千里之外的英国，快速投送的支援力量在战前则部署在美国本土和全球的其他战区，战时快速机动至预定区域并迅速投入作战，按协调方案实施联合打击。这种典型的非线式部署，避免了重要目标的集中，使对手难以防范和集中力量进行有效地还击。

第三，空袭强度逐步升级。

北约采取了战略威慑和军事打击同步实施的方式，一旦威慑失灵，即提升军事打击的强度，以迫使南联盟就范。由于南联盟的坚强不屈，北约的空袭强度逐步升级，开始是低强度打击阶段，主要是空袭发起后的头三轮打击，目标集中在南联盟的一些军事设施和重要的工业目标，地区则主要在科索沃和贝尔格莱德等战略要地附近。由于前三轮空袭效果一般，采用了中强度打击，扩大轰炸的范围，提高空袭的强

北约采用战区外战役指挥与战区内战术控制相结合的指挥方式。

度，袭击了南联盟军队的坦克、火炮和其他重型装备，包括运输车队和南联盟军队的流动指挥中心等。从 4 月 6 日起，北约对南联盟的空袭全面升级，进入了全面打击阶段，对南联盟境内实施全境全面打击，从此，南联盟的重要政治、军事、经济和民用目标都被列为打击对象。仅 4 月 6 日这天，北约出动 150 架次飞机，投下 1500 吨炸弹。北约宣称，由于天气转好，北约开始对南联盟全境目标展开全面打击。此后，南联盟境内重要的政治、军事、经济和民用目标都被列为打击的对象。

第四，采用战区外战役指挥与战区内战术控制相结合的指挥方式。

3 月 23 日，北约秘书长索拉纳在布鲁塞尔下达空袭南联盟命令后，由北约驻欧洲部队总司令克拉克将军计划打击的具体目标和时间，并负责战区的军事指挥。克拉克在远离战区千余公里以外的布鲁塞尔北约总部运用先进的 C^3I 系统对各种打击力量实施实时的指挥与协调：空、海军各种打击力量则由各自的战术指挥官实施机动性战术控制。首次使用了“初期联合空战中心能力系统”、“北约综合数据传输系统”和“海上指挥控制系统”等新式的 C^3I 系统。战区外战役指挥是美军作战指挥的新特点，首次运用这种指挥方式是在“沙漠之狐”的作战行动中。当时，美军中央司令部司令律尼将军作为战役总指挥，并未亲临战区，而是通过先进的战略 C^3I 系统，在美国本土佛罗里达州坦帕的麦克迪尔空军基地的指挥所里，距战区 12 000km、横跨 8 个时区进行实时指挥的。由于实施空袭的指挥机构设在战区之外，南联盟军队无

南联盟在北约发动大规模空袭时，全国秩序井然并迅速地转入战时体制。

法对其进行攻击，而其战术指挥所又具有很强的机动能力，对其攻击也不容易。C^3I 系统的使用，提高了北约军队指挥控制系统的可靠性与生存能力。

(2) 南联盟的反空袭作战

第一，准备充分。

南联盟在战争开始的头一年，当北约发出空袭威胁时，就开始了反空袭的作战准备。首先是构筑各战略要地的防空设施，加强并补充了防空部队的人员和装备，将所有的16个防空旅和15个防空团疏散配置于各战略要地，形成了配套完善的防空体系。其次是进行了全民战争动员和广泛宣传，让全国人民充分做好应付北约空袭的精神和物资准备，储备了大量的作战物资，落实了各项防空措施。三是借鉴波黑战争与海湾战争中塞族和伊拉克反空袭作战的经验教训，研究反空袭战法，特别是探讨了如何拦截巡航导弹、保存军力、打敌隐形飞机的措施。这些保证了南联盟在北约发动大规模空袭时，全国秩序井然并迅速地转入战时体制。

第二，以“藏”为主，“藏”“打”结合。

北约开始大规模空袭后，在双方军力相差极为悬殊的情况下，北约空袭规模不断升级，但收效不大，南联盟军队的军力基本未被摧毁，工业生产也转入地下，不仅顶住了北约的狂轰滥炸，还组织部队和居民进行有重点的顽强抗击。南联盟反空袭行动的主要做法是：首先强调避开敌人的锋芒，以“藏”为主，保存战争潜力和军力，基本上不与北约进行硬碰硬的较量，将大部分的物资、武器装备、工业生产设备进行疏散和严密的伪装，实施大量的工程防护，并采取有效的措施

战争过程中，南军采取“以低制高”的战术，取得了击落数十枚巡航导弹的战绩。

防敌侦察和反谍防特。二是在不暴露实力的前提下，进行有重点的抗击行动，表明反侵略的决心和力量。南军击落了多架北约飞机，包括号称“未来10年主力作战飞机”的F-117A隐形飞机。

第三，反空袭取得一定效果。

战争过程中，南军采取“以低制高”的战术，取得了击落数十枚巡航导弹的战绩。“战斧”巡航导弹具有体积小、射程远、能掠地飞行的特点，目前均无有效的对付办法，美军曾吹嘘：“巡航导弹在飞行过程中是任何现代技术的防空导弹都无法发现与攻击的。”而南联盟人民军的高炮却成了它的克星。南防空部队专门研究了对付巡航导弹的战法，抓住巡航导弹来袭方向较明确、飞行速度较慢的特点，在可能遭受袭击的目标附近重点设防，当巡航导弹临空时与其短兵相接，接连将其击落。南军还针对F-117A隐形飞机的特点，采取各种火力并用、预先设伏的战法，也创造了成功击落的战例。同时南防空部队采取疏散机动式的灵活部署，以火力集中与来袭的敌机周旋，使北约飞机难以发现目标，避免了损失，连北约战报也承认未能有效地打击南防空兵器。南防空部队还充分利用战区地形与天候等条件，取得了较好的反空袭战果。

科索沃战争中的信息战

信息战包括指挥控制战、电子战、宣传战、情报战、计算机网络战等。在科索沃战争中，北约和南联盟都实施了信息

在科索沃战争中，北约和南联盟都实施了信息战或信息反击战。

战或信息反击战，可以说，科索沃战争是世界上第一次交战双方都实施了信息战的高技术战争。

（1）北约实施的信息战

战前舆论攻势，力求不战屈人之兵。这是美国威慑战略的核心，无论是“大规模报复”，还是“逐步升级”、“灵活反应”，美军都力求威慑取胜。在科索沃战争中，美国在战前就展开了强大的舆论攻势，以求得道义上的广泛支持，力争迫使南联盟屈服。北约通过新闻媒体明白无误地将打击计划，包括空袭的目标和北约的兵力部署告知南联盟。北约国家的首脑也在各种场合纷纷发表讲话，称一旦空袭开始，“轰炸将是长时间和大规模的，毫无疑问会给南联盟带来惨重损失”。北约秘书长索拉纳甚至在空袭前一天还宣布，他已经授权对南联盟实施空袭，“但打击不会马上开始”，南联盟尚有接受条件的机会。北约的舰艇和飞机更是在电视的画面上频频亮相，炫耀武力。西方新闻记者也纷纷发表评论，推测可能空袭的时间和打击方式。但是，北约的威慑并没有收到预期的效果，反而激发了南联盟军民的同仇敌忾、抗击到底的决心。

控制战时报道，防止内部泄密。对南联盟的空袭开始后，为了保证军事行动的秘密，美军一反战前大肆宣传的做法，对每日的作战方案、空袭战况、兵力调动等情况严格保密，在开战3天后才开始举行例行的战况发布会。由于北约对南联盟空袭效果不佳，南军的有生力量屡次在轰炸之前迅速转移，北约开始怀疑内部出了“间谍”，暗中向南联盟通风报信。盟军总司令克拉克将军曾在一次记者招待会上明确

为了达到政治目的，北约在不断加大对南联盟军事打击的同时，还采取多种措施打击南联盟的传媒设施，限制舆论报道，力图实现“新闻封锁”。

表示：“我们必须提高警惕，在北约内部采取更为严格的保密措施，防止作战机密提前落入南联盟手中。”于是，北约盟军总部开始实行严格的保密措施，禁止北约军事指挥官与新闻界接触和接受采访，向媒体发布消息，必须经过克拉克本人批准。在美军内部，各军种之间也禁止互相交流战争情况。北约甚至还关闭了在互联网上的部分站点，以防止军事行动信息外泄。为保证重大决策等核心机密不泄露，甚至还考虑不向法国通报相关情况。

摧毁对方传媒设施，实施“新闻封锁”。北约对南联盟实施的空袭，其政治意义远大于军事意义。为了达到政治目的，北约在不断加大对南联盟军事打击的同时，还采取多种措施打击南联盟的传媒设施，限制舆论报道，力图实现“新闻封锁”。4 月 10 日，北约首次轰炸了南联盟一座广播电视发射塔；4 月 16 日，摧毁了南联盟电视转播中心的数座卫星地面站；4 月 29 日，北约导弹直接命中了塞尔维亚国家电视台大楼，导致电视台所有节目停播，6 人死亡，多人受伤。此外，美军还召集计算机专家同南联盟进行“网络对抗”，将大量病毒和欺骗性信息注入南联盟的计算机互联网和通信系统，以阻塞南联盟的信息传播渠道。在美军的“空中骄子”F-117A 隐形飞机被击落后，北约为防止南联盟借机大肆宣传，迅速封锁消息，对坠毁原因和飞行员情况只字不提。北约在相当程度上限制了南联盟的报道，因而西方大部分媒体只能从华盛顿和北约官员的吹风会上了解一些相关情况。而且，北约还对西方记者的一些正面报道也横加干涉，据英国《泰晤士报》披露，英国广播公司驻贝尔格莱德记者辛普森

心理战飞机每天飞到南联盟上空后，先是播放类似于南联盟电台的新闻和流行音乐，以混淆视听，然后再播放其精心制作的宣传节目。

因为客观地报道了科索沃战争，而被指责为“轻信”南联盟方面的消息，报道“水准下降”，遭到英国政府的猛烈抨击。

加强心理战宣传，瓦解南联盟军的心理防线。在实施空袭的同时，北约也拟制了对南联盟的心理战计划，将其作为对南联盟的军事行动的一个重要组成部分。战争开始不到一周，美空军的AC-130特种作战飞机就飞至南联盟上空执行心理战宣传任务。美军的心理战飞机属于空军第193特种作战大队，配备有功率强大的广播电视设备，专门负责向南联盟军民播放北约制作的广播电视节目。心理战飞机每天飞到南联盟上空后，先是播放类似于南联盟电台的新闻和流行音乐，以混淆视听，然后再播放其精心制作的宣传节目。此外，美军另一支心理战部队则负责向南境内投放700万份传单和北约的“战况通报”等，以宣扬北约空袭的“道义性”，并恐吓南联盟军民妥协屈服。甚至还通过秘密途径，深入到塞尔维亚军队内部进行策反宣传，鼓动南联盟军分裂势力来推翻米洛舍维奇的统治。美国防部特工人员在战争过程中也多次同阿族反叛势力进行秘密谈判，还准备向其提供武器，以攻击塞族地面部队。

安插“耳目”，广收情报。开战后，北约感到仅靠空中和空间侦察手段，还难以全面满足情报信息的需要，南联盟采取的各种隐蔽伪装措施和灵活多变的战法，有些让北约的飞机和炸弹不知所措。为此，北约不得不冒险采用传统的人力情报方式，在南联盟境内广泛组织间谍网，多方安插“耳目”，为北约提供目标情报和轰炸后的效果评估。据报道，英国在空袭前就向科索沃地区派遣“皇家空军特遣队”混入联合国

多手并用，使战场透明。以美国为首的北约利用 50 多颗卫星和近 20 种航天系统对南联盟进行侦察。

维和观察团，暗中搜集当地的地形、南联盟军部署等情报。开战后，该特遣队人员还通过发送无线电信号，直接引导北约飞机实施轰炸。英国陆军参谋长也在新闻发布会上公开承认，由于特种部队的帮助，英空军阴天也能有效地击中目标。4 月 11 日，澳大利亚人普拉特领导的“凯尔国际”组织的公开曝光，更是让全世界都感到北约间谍势力无所不在。据普拉特后来招认，他领导的间谍网的主要任务就是利用“凯尔国际”这个人道主义组织的掩护，在南联盟搜集情报。空袭前主要搜集南联盟军队的动向情报，轰炸开始后则主要搜集北约飞机和导弹轰炸效果的信息。北约还多次利用科索沃解放军为其提供情报。

多手并用，使战场透明。以美国为首的北约为了准备一旦和谈失败对南联盟动武，早在 1998 年上半年就开始利用各种手段对南联盟，特别是科索沃地区进行侦察监视，对准备打击的目标进行精确测量和定位，对南联盟军队的部署和活动情况进行跟踪监视，使战场对己方透明。主要做法有：一是利用 50 多颗卫星和近 20 种航天系统对南联盟进行侦察。与海湾战争时不同的是，西欧也有了自己的侦察卫星。美国的卫星主要有 2 颗“长曲棍球”雷达成像侦察卫星，3 颗 KN-11 型图像和数据传输卫星，3 颗能够确保得到清晰图像的轻型卫星，以及大量的气象与海洋观测卫星。西欧联盟用的是“太阳神”号卫星，其得到的信息要送到设在西班牙的卫星情报分析中心进行处理。二是北约的飞机从 1998 年 10 月初开始就一直在科索沃上空监视塞尔维亚人的活动。先后投入 80 余架次的 E-8C“联合监视与搜索攻击雷达系统”

信息战的重要内容是指挥控制战，在保护己方指挥控制系统的同时，攻击、破坏和摧毁敌方的指挥控制系统，也就是“斩首”，即让对方群龙无首。

飞机、U-2S、RC-135等侦察飞机和无人侦察机，分别以可见光照相、红外成像、微波成像、无线电侦听和破译、无线电定位等手段实施侦察。RC-135侦察机在南联盟上空飞行，能够截获南联盟国家指挥中心与各军区部队和警察的通信。U-2S侦察机不仅可以侦听通信内容，还能搜集可视信息。“捕食者”隐形无人侦察机，续航时间为24h，装有热成像摄像机，具有夜视功能，可在3000m高空分辨出地面上人的一只脚大小的物体，机上导航系统能够自动给出目标的网络坐标，为海军、空军的空中打击提供近于实时的情报，配合EC-130飞机引导突击南军地面机动目标。另外，北约还使用E-2、E-3飞机担任空中预警。三是在塞浦路斯、土耳其和意大利等国内设有许多电子侦听站，用于搜集南联盟的政治与军事情报。四是选派间谍人员以合法的和不合法的身份潜入南联盟，搜集各种情报，特别是南联盟重要的军事目标情报。据透露，在开始空袭前，北约派出的间谍多达400余人。

瘫痪南联盟指挥控制系统。信息战的重要内容是指挥控制战，在保护己方指挥控制系统的同时，攻击、破坏和摧毁敌方的指挥控制系统，也就是“斩首”，即让对方群龙无首。在北约第一轮空袭南联盟中，就利用100多枚“战斧”巡航导弹和80多架携带各种精确制导弹药的飞机，首先攻击了南联盟军的指挥系统和防空系统的60多个目标，以后的多次空袭都有南联盟军指挥、控制、通信系统受到重创，使南联盟军很难集中兵力实施有效的反空袭作战。北约还利用计算机病毒、实施电子干扰等手段破坏南联盟军的指挥系统，在

查看毁伤的情况，及时地了解作战效果是信息战的内容之一。

软与硬的两手打击下，南联盟防空雷达系统基本上处于瘫痪状态，指挥失灵，反空袭难以发挥应有的效能。采取电子战手段干扰南联盟的电子信息系统，使其成为“瞎子”和“聋子”。在战争中北约取得了制电磁权，广泛实施电子战，电子战飞机出动架次占总出动量的30%以上。北约用38架EA-6B电子战飞机对南联盟的预警雷达和火控雷达实施“致盲”干扰，用3架EC-130H大功率干扰机轮流升空对南联盟20～1000MHz频率范围内的无线电指挥通信系统实施“致聋”干扰。每次升空时，都首先实施电子对抗，派出多架EA-6B“徘徊者”电子战飞机，对预定空袭区域进行强电磁定向干扰，压制、破坏或摧毁南联盟军的电子辐射源，干扰其通信联络，使其处于信息遮蔽状态，无法有效地组织与实施反空袭作战行动。EA-6B是一种高效能的电子干扰机，可以携带威力强大的强电磁脉冲弹，只要一颗电磁脉冲弹，就可以使方圆数十公里之内的各种电子设备遭到严重的物理破坏，使雷达、计算机等信息系统失去工作能力。

重视毁伤评估。查看毁伤的情况，及时地了解作战效果是信息战的内容之一。利用各种侦察手段和渠道，对被攻击的目标进行侦察，以获取目标被毁程度的信息，以便决定下一轮空袭要攻击的目标。北约每次对南联盟的目标空袭后，都要进行毁伤评估，方法是让卫星或侦察飞机对被攻击的目标进行拍照或摄像，然后进行图像分析，查明目标的毁伤程度和攻击的效果；或派出间谍人员到南联盟境内，实地观察目标的被毁情况，然后将信息传送给北约的毁伤评估机构。

实行信息封锁。切断对方信息来源，使其得不到关键信

切断对方信息来源，使其得不到关键信息，是信息战的重要内容。

息，是信息战的重要内容。为了防止南联盟军民获得关键信息，北约主要采取三项措施：一是加强信息防护。例如，对南联盟空袭开始后，美空军航天司令部即宣布，以前公开的所有有关美军卫星轨道的参数都是保密数据，这就切断了南联盟军情报分析人员获取美航天器坐标信息的途径。二是不让第三者向南联盟提供情报信息。俄罗斯拥有包括各种侦察卫星在内的天基信息系统，并在北约开始空袭后派出了搜集情报的间谍侦察船。为阻止俄向南联盟提供情报，美向俄发出警告，“俄方为参与军事行动所做出的任何努力，都将造成非常严重的后果”。三是轰炸南联盟电视台。为了不让南联盟人民得到有关空袭与反空袭作战情况的真实信息，北约 4 月 23 日凌晨轰炸了塞尔维亚国家电视台，以后又于 27 日用导弹摧毁了设在塞尔维亚社会党总部大楼顶部的电视发射塔。

(2) 南联盟实施的信息战

面对北约强大的信息战，南联盟灵活有效地组织与实施了信息战，特别是防御信息战。

反心理战。为激励军民士气，反击北约进行的“南联盟制造人道主义灾难”的宣传，维护国家主权和民族尊严，从南联盟总统到常驻联合国代表团使节的各级政府官员在各种场合，利用外交和新闻渠道，都严正驳斥西方有关南联盟制造“种族清洗”的指责，揭露西方媒体歪曲事实和具有倾向性的不实报道；强烈谴责北约对主权国家进行狂轰滥炸的霸权主义行径，组织国际新闻和人道主义机构查看北约炸毁民用设施的现场，以大量的事实揭露北约使用国际公约严令禁止使用的集束炸弹、贫铀弹进行的恐怖行为。另一方面，南联

南联盟巧妙地运用技术手段，隐真示假，将可隐蔽的军事设施、装备和部队隐藏起来，躲避敌方侦察。

盟在国内广泛开展抗击北约侵略的爱国主义教育，激励军民为捍卫国家主权而战。

控制西方记者等人员活动的反情报战。战争期间，很多西方记者充当了北约的情报人员，1999 年 3 月 25 日，南联盟政府下令驱逐来自西方的记者，对进入军事禁区的 9 名记者予以临时拘留。同时加强新闻检查，控制一切被炸军事目标的现场采访。南联盟还以间谍罪逮捕了普拉等两名以援助人员身份作掩护，帮助北约选择空袭目标的间谍人员，以尽力削弱北约的情报搜集能力。

隐真示假、藏打结合的反侦察战。南联盟巧妙地运用技术手段，隐真示假，将可隐蔽的军事设施、装备和部队隐藏起来，躲避敌方侦察。具体做法有：利用北约的一些电子探测器材在目标静止时不起作用，而另一些探测器材不能穿透云层和烟雾的弱点，让部队选择有利时机采取行动；让防空雷达不开机或少开机，使远、近程雷达进行短时间的开机接力；利用折叠的波纹铁等雷达诱饵，误导来袭导弹与飞机。由于采取了这些反侦察措施，不仅使北约的空中侦察部分失效，有效地保存了实力，减少了损失，还使北约 6 架无人侦察机被击落，使大量巡航导弹因找不到目标而自毁，空袭效果受到影响。

南联盟的电子战主要是防御性的，如在保持无线电静默的同时，让其电子侦听部队认真监听北约的指挥通信。南联盟军防空雷达短时开机的电子战战术也很奏效。由于南联盟军适时采用这种战术，北约未能侦测到“萨姆-3”型防空导弹雷达的开机信号，造成了 F-117 被击落的损失。

南联盟以灵活多样的方式实施网络战，北约各国轰炸行动中最受信赖的英国气象局网站遭到严重破坏，黑客进入到北约的电子信息系统去查询并窃取信息。

灵活多样的计算机网络战。南联盟军民积极实施网络战，使北约计算机网络系统多次遭到攻击：3 月 31 日，北约指挥控制系统互联网网址及电子邮件信箱受到南联盟黑客的侵袭，电子邮件服务器被阻塞；4 月 4 日，北约计算机通信网因受到“梅利莎”、“疯牛”等病毒的攻击而一度陷入瘫痪，美海军陆战队所有作战部门电子邮件系统均被“梅利莎”病毒阻塞，美“罗斯福”号航空母舰的计算机也曾瘫痪 40 分钟。此外，由于南联盟以灵活多样的方式实施网络战，北约各国轰炸行动中最受信赖的英国气象局网站遭到严重破坏，黑客进入到北约的电子信息系统去查询并窃取信息，北约在贝尔格莱德的 B92 无线电广播网、在布鲁塞尔总部的网络服务器和电子邮件服务器都曾遭到黑客的攻击。

6.3 阿富汗战争

阿富汗战争是一场典型的非对称性高技术战争，交战双方实力相差悬殊，一方是当今世界上最强大的国家，另一方是一个十分弱小的部族武装；一方使用信息化的武器装备体系作战，另一方使用半机械化的武器装备作战，军事上的“时代差”十分明显；一方是训练有素的强大的正规军，另一方是缺乏训练的，由志愿者组成的非正规武装。

美国对阿富汗塔利班和基地组织的打击从 2001 年 10 月 7 日开始。美及其盟国在阿富汗周边部署了 8 万人的兵力，其中美军约 5 万余人，先后动用了 5 个航母编队、4 个两栖戒备大队以及 500 多架作战飞机。英国、澳大利亚、加拿

在阿富汗战争中，美军将空袭作为主要的作战手段，充分发挥火力突击在战争中的作用。

大、捷克、法国、德国、意大利、日本、新西兰、波兰、俄罗斯和土耳其等国也派兵参战或提供军事支援。至 12 月 17 日，美军出动作战飞机 5000 架次左右，共投弹 12 041 枚，其中 6732 枚是精确制导弹药，占弹药总量的 56%。通过两个月的军事打击行动，美军推翻了塔利班政权，基本上摧毁了“基地”组织在阿富汗的网络体系，取得了战争的基本胜利。

(1) 空袭是主要的作战样式

在阿富汗战争中，美军将空袭作为主要的作战手段，充分发挥火力突击在战争中的作用。为了有效地实施空袭作战，美军在制定对阿军事打击整体作战计划的基础上，精心制定了空袭作战计划，明确空袭的目的，划分空袭阶段，区分海上、空中各种打击力量的任务，周密组织各种打击力量之间、打击力量与各种侦察手段之间的协同动作。同时，依据作战进程和敌情的变化，及时修订和完善空袭计划，不断改进组织指挥方法，极大地提高了空袭的效果。

美军实施的空袭，大体上分为 4 个阶段：第 1 阶段，从 10 月 7 日至 13 日，主要摧毁阿富汗塔利班战略目标和防空设施，为以后的空袭创造条件。主要打击“总统府”、国家广播电视大楼、机场、指挥中心、防空系统、油库、弹药库和大型军事基地等目标。第 2 阶段，从 14 日至 18 日，重点打击阿富汗战役战术目标，为特种作战和阿富汗北方联盟攻击行动扫清障碍。在进一步打击战略目标的同时，将主要打击对象转向敌训练基地、军事设施、部队的集结地域及前沿阵地等目标，以摧毁其重型武器装备，消灭其有生力量，保障后续地面作战的顺利进行。第 3 阶段，从 10 月 19 日至 12 月 7 日，主使用超强火力，通过突然猛烈的火力打击，一举瘫痪敌指挥控制和防空等系统，摧毁对方的战争潜力。

要以空中火力直接支援特种部队和阿富汗北方联盟的地面作战。突击的目标主要有敌指挥所、装甲车辆、火炮阵地、堑壕和人员隐蔽的洞穴、坑道等。摧毁其装备，杀伤其有生力量。第4阶段，12月7日至2002年初，随着塔利班的坎大哈等大中城市的失守，美军的空袭行动进入“火力围剿”阶段，主要以空中火力打击达成搜剿作战的目的。

(2) 美军空袭作战的特点

一是，使用超强火力。所谓超强火力，就是“杀鸡用牛刀”，通过突然猛烈的火力打击，一举瘫痪敌指挥控制和防空等系统，摧毁对方的战争潜力，从而为尔后的空袭与地面部队作战的行动创造条件。空袭第1天，美、英军队就投入了大量的空袭力量，仅第1个波次就出动15架轰炸机、25架航母舰载作战飞机和各种舰艇，投射“战斧”巡航导弹50枚，以及大量的“联合直接攻击弹药”等，对喀布尔的塔利班国防部大楼、防空基地、雷达设施和机场，坎大哈的总部电台、指挥中心、通信设施、机场、塔利班领袖奥马尔的住宅及拉登“基地”组织的训练营地等重要目标，实施突然打击；紧接着又出动30多架战机，以猛烈的火力实施了3个波次的攻击，先后发射导弹、炸弹200多枚，使许多塔利班的重要目标在短时间内即遭到严重毁坏。空袭第3天，美参谋长联席会议主席迈尔斯就宣布，“在前3天的打击中，美、英摧毁了85%以上的预定目标，其中包括防空设施、机场和恐怖分子的训练营地。美、英已完全取得了阿富汗上空的制空权”。美国防部长拉姆斯菲尔德也指出，“经过此前的成功打击，我们相信现在能够根据我们的意愿24h随时实施打击”。

用空中火力突击地面目标,以火力优势弥补地面作战力量的不足。

二是,重视支援地面作战。美军十分注重以空中火力支援地面作战,用空中火力突击地面目标,以火力优势弥补地面作战力量的不足。首先,以火力支援特种部队的作战行动。每当美特种作战部队实施搜捕、营救等作战行动时,美空军都派出战机实施全程空中掩护和火力支援。如,2001年10月15日,美空军连续对坎大哈地区反复进行猛烈的火力突击;19日夜间,美战机又在半小时内对坎大哈市进行了4次轰炸。深夜11时,两批美军特种作战人员突然在坎大哈附近的机场伞降,袭击了塔利班指挥部、奥马尔的住所和坎大哈西南120km处的机场。为了防止打草惊蛇,保证袭击效果,美军在前几天的空袭行动中,故意漏过塔利班的指挥部和机场等目标,以保持特种作战分队行动的突然性,此次袭击中缴获了包括计算机、通信器材、军政文件、人员花名册等大量有价值的情报。其次,以空中火力支援"北方联盟"的地面进攻。10月22日以后,美军的空袭重点转向直接攻击敌前沿防御阵地,以直接的空中火力支援北方联盟的地面进攻。为了使空中火力起到攻击前的火力准备的效果,美军加大了火力打击的力度,增加战机出动量,更多地使用低空作战飞机和集束炸弹、重型炸弹。尤其是在11月4日至9日,美军连续对喀布尔北部50km长的敌防御前沿地带实施了昼夜不停的地毯式轰炸,使用了极具杀伤力的BLU-82巨型炸弹,致使敌坦克、火炮和人员损失惨重,战斗力下降,使北方联盟夺占了战略要地马扎里沙里夫,并轻取北方多省,顺利占领了喀布尔。在反塔利班联盟夺取坎大哈的战斗中,美军又多次出动AH-1W"超级眼镜蛇"攻击直升机,对盘踞在

美军在空袭中还非常重视随时打击临时出现的目标。

坎大哈附近塔利班武装的阵地和工事实施火力突击，摧毁了约 15 辆装甲车，消灭了敌部分有生力量，有力地支援了北方联盟的地面进攻作战。

三是，重视打击临时目标。美军在空袭中还非常重视随时打击临时出现的目标。在海湾战争和科索沃战争中，美军飞行员都是根据预先确定的程序实施火力突击，由于这一贯做法，导致美军对阿富汗首轮打击之后，虽然一架装备有两枚反坦克导弹的"捕食者"无人驾驶的侦察机发现了奥马尔的车队，但由于没有得到授权，未能及时开火，贻误了战机。针对这一教训，美军及时调整战法，要求重视打击临时目标，提高空袭的时效性。特别强调两点：首先，加强对战场的实时指挥控制。让在战场执行任务的侦察飞机、无人飞行器、战斗机、攻击直升机与战场指挥中心、本土指挥中心建立直接联系。战场指挥中心和本土指挥中心将随时获取战场情报，发出指令控制各种攻击武器，发射导弹或弹药攻击临时的目标。如 11 月 16 日凌晨，美军一架"捕食者"无人驾驶侦察机发现一支车队，位于美国本土的指挥中心迅速做出判断，可能是拉登"基地"组织部分成员的车队，随即一边指挥无人机继续监视车队的行动，一边及时指挥 3 架 F-15 战机升空，很快 3 枚 GBU-15"灵巧炸弹"准确命中这伙人已经入住的旅店。事后查明，拉登的得力助手穆罕默德·阿提夫等近百名恐怖组织人员在这次空袭中丧生。其次，实施自主式打击。空袭开始不久，美军就明确规定，飞行员除了打击预先确定的目标外，还可以自主选择打击目标，特别是临时发现的目标。为了保证准确地实施自主式打击，美军大量使用

以空袭行动达成搜剿的火力围剿，是这次阿富汗战争美军对阿富汗火力打击中一种新的空袭行动样式。

具有侦察与火力双重作用的 AC-130 特种作战飞机，在战场上空不分昼夜的低空飞行，通过红外扫描及雷达探测等侦察手段严密搜索目标，一旦发现目标，及时用机载 105mm、40mm 火炮和 25mm 机关炮，以密集的火力对目标实施攻击。如 10 月下旬以后，美军自主式的空袭方法，多次击毁运动中的坦克、油料运输车队等目标，极大地限制了敌兵力调动和后勤补给。

四是，实施火力围剿。以空袭行动达成搜剿的火力围剿，是这次阿富汗战争美军对阿富汗火力打击中一种新的空袭行动样式。美地面部队投入较少的情况下，每当发现敌残余分子藏匿的位置，即迅速出动数架战机，以猛烈密集的空中轰炸，从外向内逐步缩小火力包围圈，将残敌压缩在一个较小的范围内，为特种作战部队和反塔利班联盟地面清剿创造有利条件。例如，2001 年 11 月下旬，美军从多方面获得情报证实，拉登可能躲藏在阿富汗东部贾拉拉巴德东南约 90km 的托拉博拉山区。这一地区地势险要，山洞、坑道等工事数量多且极为复杂，敌情不明。同时，美军特种作战部队和反塔利班联盟兵力有限，无力实施大规模的搜剿。为此，美军每天出动 100 多架次战机，昼夜不停地对托拉博拉山区的洞穴、坑道等人员可能藏匿的地点实施梳篦式火力打击，有时一天竟投掷 230～240 枚炸弹。12 月 9 日、14 日，美军还先后向这一地区的重要目标投掷了两枚“滚地球”重型炸弹。与此同时，反塔利班武装力量和近百名特种作战人员及时利用空袭，不断向托拉博拉山区推进，使拉登“基地”组织残余分子的藏身之地逐步缩小。12 月 11 日，残余分子被围

一条情报要比一枚巡航导弹或一颗炸弹更有助于打击这些恐怖网络。

困在方圆约 2.4km^2 的区域内，且包围圈越来越小。在这次火力打击与地面行动结合的搜剿行动中，炸死炸伤拉登“基地”组织残余分子数百人，俘虏近百人，只有少数残余分子逃跑。

（3）广泛实施信息心理战

在阿富汗战争中，美军广泛地实施了信息心理战，主要包括情报战、心理战、电子战、指挥控制战等。

一是，使用多种手段获取情报信息。美国防部长拉姆斯菲尔德在美军发起军事打击之前曾说过：“一条情报要比一枚巡航导弹或一颗炸弹更有助于打击这些恐怖网络。”为了及时获取情报，美军利用多种手段，首先，利用多颗卫星对阿富汗战区实施侦察。美国通过调用两颗军事卫星和借用两颗民用卫星，构成外空侦测网，全面监视和搜集有关塔利班领导人和拉登的动向、位置的信息，并截取电子邮件、电话，以便为实施精确打击提供信息支援。军事卫星主要是KH-11“锁眼”卫星、“长曲棍球”卫星、“大酒瓶”卫星和“大鸟”卫星。这些卫星都装有先进的设备，地面分辨率高。如KH-11“锁眼”卫星是数字图像实时传输型照相侦察卫星，其星载设备有高分辨率电视摄像机和测视雷达，分辨率可达0.1m。“大鸟”卫星拥有高分辨率相机、红外线及多光谱扫描仪等高技术器材，所拍地面照片分辨率为 0.3m。美国征用的民间商用卫星主要是“快鸟”卫星，所拍地面照片分辨率达 1m，这种分辨率足以看清楚海滩上人的位置。其次，利用各种侦察飞机监视敌人的一举一动。RC-153“铆钉”侦察机可以在 3 万英尺高空截获阿富汗塔利班及拉登“基地”组织

美军通过各种心理战手段打击拉登"基地"组织和塔利班政权，力图瓦解敌心理防线。

的通信信号。U-2侦察机不仅可以侦听通信内容，还能够搜集可视信息。此外，美军还出动了"全球鹰"、RQ-1"捕食者"和"食肉动物"无人驾驶飞机，E-8C"联星"飞机，E-3"哨兵"预警机、E-2C飞机和MH-53J"铺路微光"直升机等，全方位、全时段地监视敌方的所有行动。第三，广泛利用阿富汗内部人士获得情报。战争开始后，美国大力扶持阿富汗反塔势力，通过盟国情报力量了解拉登和塔利班的各种情况，还不惜重金引诱阿富汗境内人士提供有关的军事信息。

二是，广泛实施心理战。美军通过各种心理战手段打击拉登"基地"组织和塔利班政权，力图瓦解敌心理防线。首先，通过外交宣传，赢得同情与支持。"9·11"事件后，美国迅速做出反应，指出这次恐怖袭击是对美国的战争行为，国际恐怖主义是对全世界的最大威胁，各国都应该加入到反恐的行列。美国领导人在多种场合表示：在反恐问题上没有中立可言，谁不支持美国打击恐怖主义谁就站到了恐怖主义分子一边。美国政府一方面大力渲染恐怖主义对美国人民造成的危害，另一方面反复强调打击恐怖主义不是与伊斯兰为敌。在阿富汗国内，美、英等国军队采取向阿富汗民众提供人道主义援助的手段，削弱塔利班政权与人民的联系，避免阿拉伯各国将美国对塔利班的攻击视为对整个伊斯兰世界的战争。其次，采用多种方式进行心理战。战争开始时，美军边轰炸边投各种宣传品，并将收音机装入食品袋内，空投给阿富汗人民，让他们收听美国之音用普什图语、阿拉伯语和乌尔都语等进行的广播。2001年11月1日，美国众议院一致通过一项议案，设立"自由阿富汗电台"，展开宣传战。

美军严格控制大众媒体，加强对舆论的引导和监督，使美国民众保持对军队作战的支持。

该电台每天用数种地方语言对阿富汗各地广播十几个小时。在军事打击中，为了使国际社会，特别是阿拉伯国家加重对塔利班政权稳固性的怀疑，美国故意通过报纸向外界透露塔利班领导人及其家人逃走和内部发生政变的消息。同时，美国还利用现场直播、宣传广告等多种宣传方式，揭露“基地”组织和塔利班政权的不义行径，以涣散塔利班的军心，引起混乱和激起阿富汗人民对塔利班政权的不满。第三，利用大规模轰炸制造恐惧情绪。一开战就进行了大规模的轰炸，虽然阿富汗境内有价值的重要目标有限，但美军仍持续不断地进行精确轰炸。事后，塔利班俘虏承认，他们在精神和意志上彻底被摧垮了。美空军投下的重达1.5万磅的巨型炸弹，在地面上空爆炸，不仅能够击毁方圆几百米内的一切东西，还能够制造恐怖气氛，摧毁敌人的抵抗意志。

三是，严密封锁消息，强化舆论引导。这是美军进行防御性心理战的主要做法。严格控制大众媒体，加强对舆论的引导和监督，使美国民众保持对军队作战的支持。在政府的要求下，美国广播公司(ABC)9月18日宣布，禁止播放遭劫持班机撞击纽约世贸中心大楼的画面，因为这会对美国民众的心理造成冲击。美国总统安全事务助理赖斯要求国内各电视台谨慎播出拉登的电视讲话。为此，美国五大电视网不得不明确表示，不再实况转播拉登的任何电视讲话，并且事先一定要对有关内容进行审核。在海湾战争和科索沃战争中，媒体曾大张旗鼓地报道美国方面的军事集结和前方的战况，这一次，美国采取了不同的做法，将所要进行的战争界定为“新型”战争，实行了严密的新闻封锁。布什总统曾表示，

广泛使用特种作战部队实施作战行动，进行地面渗透和搜索、信息战、心理战、情报战和人道主义救援等。

这场战争中"即使是成功的秘密行动，也将守口如瓶"。美国政府和军方对这次军事行动的消息严格保密，军舰出航、部队调动都不准记者采访。在战前就给国内打"预防针"，说这次反恐战争可能会有人员伤亡，让民众做好面对作战伤亡的心理准备。"9·11"事件发生后，美国已有媒体机构或从业人员遭到白宫或国务院发言人的批评，因为他们发表了批评布什总统和美国政府对外政策的言论。"美国之音"电台台长和美国国际广播局长之所以被同时撤职，就是因为"美国之音"不顾政府的警告，播出了对阿富汗塔利班精神领袖奥马尔的专访，在长达4分钟的讲话中，奥马尔声称"9·11"事件是美国自己种下的苦果。美国政府还对在阿拉伯世界独树一帜的卡塔尔"半岛"电视台屡屡为拉登等人传话深为不满，认为它报道失实，煽风点火。美国务卿鲍威尔同卡塔尔领导人进行了交涉，要求对其加以干预。

(4) 重视使用特种部队作战

在以前的战争中，美军很少将特种作战部队单独用于战场，在阿富汗战争中，美军却在未投入大规模地面作战部队的情况下，广泛使用特种作战部队实施作战行动，进行地面渗透和搜索、信息战、心理战、情报战和人道主义救援等。在阿富汗战争中，美军特种作战部队的主要行动和任务有四个方面：

一是进行情报搜集。对于美军来说，情报信息是这次战争成败的关键。战争发起后，美军加强了情报侦察，主要的措施是：调整了侦察卫星的位置，紧急发射了KH-11型照相侦察卫星和NRO型卫星，对阿富汗全境实施全方位不间断

特种作战部队人员有时化妆成老百姓，去确定或核实重要目标的位置。

的监视；动用了大批有人与无人驾驶侦察机，加强战场侦察；向阿富汗境内投放了大量先进的传感器和监视装置，甚至在向阿富汗空投的救援物资中也放置了传感设备。由于阿富汗地形十分复杂，目标信息搜集比较困难。为了保障作战，美军投下了大量特种作战部队加强人工情报的搜集工作。开战前，美国就派出多达几千人的特种作战部队，将其分成许多特别行动小组，深入到阿富汗境内，搜集各种情报，特别是有关拉登和塔利班领导人的情报。从 10 月 19 日开始，美军又派出特种作战部队实施空袭作战，但未获重要战果，又改为让这些特种作战部队主要进行情报搜集和情报的核实工作。特种作战部队人员有时化妆成老百姓，去确定或核实重要目标的位置；有时搭乘直升机实施小股渗透，对塔利班武装重要目标特别是与反塔联盟武装对峙的目标进行侦察定位，为空袭或地面打击这些目标起到了重要作用。

二是指示目标，引导空中力量实施突击。在发现目标后，用激光指示器为空中打击手段指示目标，引导航空兵对目标进行攻击。据估计，美军空中打击造成塔利班部队和“基地”组织上万人死伤，其中很大部分归功于特种作战部队准确的目标指示和校正。

三是以军事顾问身份协调并指导北方联盟军队的作战行动。美军特种作战部队人员分赴战区后，担任了协调和指导北方联盟各部队协同作战、对塔利班武装部队阵地实施协调指导进攻的任务。例如，在攻打马扎里沙里夫和昆都士的战斗中，在镇压马扎里沙里夫战俘暴动的行动中，美特种作战部队人员都对北方联盟军队进行了有效的指导与协调。

伊拉克战争也是一场交战双方水平相差悬殊的非对称高技术战争。

四是直接参与洞穴搜歼战。作战后期，美军特种作战部队与北方联盟武装力量紧密配合，深入大量洞穴进行搜索，开展洞穴搜歼战，直接在山区清剿塔利班和“基地”组织残余分子，并试图搜捕奥马尔和拉登。

6.4 伊拉克战争

这场战争从 2003 年 3 月 20 日开始至 5 月 1 日美国宣布结束，持续 43 天，实际上到 4 月 13 日美军攻占提克里特萨达姆政权瓦解就已经基本结束。战争中，美军官兵死亡 137 人，伤 554 人，失踪 3 人。

伊拉克战争也是一场交战双方水平相差悬殊的非对称高技术战争，它体现了世界新军事变革的最新成果，标志着新的军事变革发展到了一个新的阶段。

伊拉克战争的经过

美英两国不顾国际社会的强烈反对，绕过联合国安理会，于 2003 年 3 月 20 日公然对主权国家伊拉克发动了代号为“自由伊拉克行动”的伊拉克战争。美英联军的作战行动可以分为三个阶段。

(1) 第一阶段——“斩首”行动

“斩首”行动从 3 月 20 日至 21 日 17 时。美英联军对伊拉克实施了三轮远程导弹和精确制导炸弹的袭击，重点打击萨达姆的藏身之地和政府首脑机构等要害部门，目的是炸死

所谓“斩首”就是打击“对方的头部，而不是他的躯体”，一举达到战争的目的。

萨达姆。

所谓“斩首”就是打击“对方的头部，而不是他的躯体”，一举达到战争的目的。3月20日，美国中央情报局局长特尼特向布什总统报告，萨达姆及其他伊拉克高级领导将在当地时间凌晨在巴格达以南的一个私人住宅里召开会议。在听取了总统战争班子成员的意见之后，布什当即签署了袭击萨达姆临时住所的命令。接到命令后，位于红海和波斯湾水域的8艘美军军舰立即根据中央情报局传来的数据装定了目标诸元。与此同时，2架F-117A隐形战机携带两枚重达2000磅、具有穿透钢筋混凝土能力的“联合直接攻击弹药”，向伊拉克首都巴格达飞去，开始了代号为“斩首”的袭击行动。

第一轮袭击是美国从红海的军舰上发射的“战斧”巡航导弹，同时使用了F-117A隐形战机，向巴格达市内和城南的目标投掷了精确制导炸弹。

第二轮袭击在首次突击15分钟之后发起，从位于红海和波斯湾的军舰上向巴格达发射了20多枚巡航导弹，并出动两架F-117A隐形战机向巴格达投掷了4枚重达1吨的精确制导炸弹。同时英军也发射了导弹。

第三轮袭击是在开战1个半小时后发起的，手段与袭击目标与前两次相同。

20日，美国总统布什发表电视讲话，正式宣布美解除伊拉克武装的战争打响。萨达姆也在伊拉克国家电视台发表讲话，谴责美国进攻伊拉克，“犯下了新的战争罪行。”

(2) 第二阶段——“震慑”行动

在这次战争中，美英联军一反“先空袭再投入地面部队”

美军地面主力部队高速挺进，直逼巴格达，对沿途的纳西里耶、纳杰夫等伊军防守的城市围而不打，仅仅4天，就长驱直入达400km，抵达距首都巴格达80km的卡尔巴拉。

的一贯做法，采取了空中打击与地面进攻同步进行。

“震慑”行动从3月21日至4月8日。3月21日，美军第3机械化步兵师的先头部队约7000人和美军第7骑兵团在炮火支援下，从科威特进入伊拉克南部，穿越伊拉克南部沙漠地带向巴格达进军。伊拉克军队发起反击，科威特与伊拉克边境遭到导弹袭击。另外，美军101空中突击师部分兵力也向巴格达方向进发。2时左右，美英联军又对伊拉克首都巴格达发起了新的一轮长达85分钟的空中突击，发射了32枚巡航导弹。击中了伊拉克副总理阿齐兹的办公所在地、政府大楼等目标。同时袭击了伊拉克北部重镇摩苏尔和东南部的阿勒纳赫布和阿卡夏特两座城市，以及伊拉克边境地区的瞭望塔和武装部队。美军共发射了72枚导弹。巴格达时间21日夜间，美英联军出动数百架次战机包括B-52H、B-1B战略轰炸机，B-2隐形轰炸机，F-117隐形战机，由航空母舰上起飞的F7/A-18和F-14战机集中突击巴格达市中心和拥有萨达姆共和国卫队军营与炼油厂的城南地区。图6.2是美军公布的对某目标袭击前后的照片，目标被完全摧毁。

美军地面主力部队高速挺进，直逼巴格达，对沿途的纳西里耶、纳杰夫等伊军防守的城市围而不打，仅仅4天，就长躯直入达400km，抵达距首都巴格达80km的卡尔巴拉。第3机械化步兵师由101空中突击师掩护其左翼、海军陆战队第1远征部队掩护其右翼，快速分割伊拉克的南部军区与中部军区，对巴格达地区南部初步构成包围态势，削弱并清除巴格达外围的防御力量。25日，美海军陆战队约5000人在

战至第 6 天，美英联军向伊拉克发射了 2000 枚精确制导炸弹和 500 枚巡航导弹。

图 6.2　美军公布的对目标袭击前后对比照片

纳西里耶同伊拉克军队再次展开猛烈交火，动用了“眼镜蛇”攻击直升机和大炮，双方结束激战后，美军并没有控制这个城市，而是通过由两列装甲车队排成 3.5km 长的“装甲走廊”，越过幼发拉底河和萨达姆运河，继续向巴格达进发。战至第 6 天，美英联军向伊拉克发射了 2000 枚精确制导炸弹和 500 枚巡航导弹，美海军的 F-18“超级大黄蜂”战机首次使用集束炸弹进行攻击，向隐藏在巴士拉民用建筑物的军事目标投下了数枚 500kg 重的卫星制导“杰达姆(JDAM)”联合攻击炸弹，攻击了一个大型弹药库和伊军作为据点的建筑物。空袭造成巴格达大部分地区断电，伊拉克国家电视台也遭到攻击。由于美军主力挺进速度快，运输补给线上经常遭

美特种兵的任务是攻击伊拉克军队的目标、通信设施、指挥中心、控制机场、寻找“飞毛腿”导弹和发射装置及生化武器的藏匿地点等。

到伊军袭击，为解除后顾之忧，美决定向海湾地区增兵。同时美总统布什向国会提出 747 亿美元的战争预算请求。

战前，美军曾计划经土耳其在伊拉克开辟北部战场，其精锐部队第 4 机械化师（号称数字化部队）的装备已经先期运抵附近港口，但该计划由于土耳其拒绝美军进驻而破产。美第 4 机械化师等 3 万美军由本土启程前往海湾地区，其重装备也开始转运波斯湾。

27 日，在继续袭击巴格达的同时，来自驻扎在意大利的美军第 173 空降旅约 1000 名士兵空降到伊拉克北部、土耳其边境以南约 50km 的库尔德人控制区。并迅速占领了 1 个机场。3 月 28 日，美英联军的 B-2 轰炸机向巴格达位于幼发拉底河东岸的目标投下了 2 枚穿透弹，这种“掩体穿透弹”比美军以前使用的同类炸弹大一倍，4500 磅（2115kg）重，由卫星制导。这是美军在这次战争中首次使用穿透炸弹，目标是巴格达的程控电话交换中心。同时，数以百计的美军特种兵一直在伊拉克西部地区秘密行动，已经突破了从伊拉克和约旦边境向东约 360km 内的伊拉克防线。美特种兵的任务是攻击伊拉克军队的目标、通信设施、指挥中心、控制机场、寻找“飞毛腿”导弹和发射装置及生化武器的藏匿地点等。

自开战以来对伊拉克南部重镇巴士拉一直由英军负责，至 30 日，英军从三面包围了该城，美军则包围了伊拉克中部通往巴格达的重要通道城市纳杰夫。31 日美伊两军在伊拉克首都巴格达以南 80km 的欣迪耶镇展开巷战。同日，一架超低空飞行的战机向伊拉克总统萨达姆位于巴格达的官邸投射两枚导弹，这是开战以来美军首次在白天对萨达姆官邸

4 月 3 日，美军已逼近巴格达郊区，并部分地控制了巴格达的萨达姆国际机场。美军共发射了 750 枚巡航导弹和14 000 枚精确制导导弹。

进行攻击。

4 月 1 日，美军从位于东地中海的“罗斯福号”航空母舰上起飞的约 50 架战机，对伊拉克北部地区的军事目标进行了 6 轮轰炸，以配合联军特种部队和第 173 旅开辟北方战线。与此同时，正面进攻的部队美第 3 机械化步兵师在巴格达西南 80km 处的卡尔巴拉城附近与伊拉克精锐的“共和国卫队”麦地那师进行激烈战斗，在包围了该城后，没有向该城守军进攻，而是继续向北部的巴格达挺进，进至距巴格达以南仅 30km 的地区。当日晚，增援行动的美军第 4 机械化师的先头部队 5000 人抵达科威特。

4 月 3 日，美军已逼近巴格达郊区，并部分地控制了巴格达的萨达姆国际机场。美军共发射了 750 枚巡航导弹和 14 000 枚精确制导导弹。美英联军占领了萨达姆国际机场，并将其改名为巴格达国际机场。美国有线新闻网转播了卡塔尔半岛电视台的一组电视画面，显示萨达姆出现在巴格达街头。

4 月 5 日，美国陆军第 3 机械化步兵师占领了位于巴格达城南约 50km 的伊拉克共和国卫队麦迪那师司令部，伊拉克共和国卫队防线濒临崩溃。联军的两支特遣部队通过多拉地区进入巴格达，并向北挺进，直抵底格里斯河畔才掉头向西回到萨达姆国际机场。6 日上午，美军向巴格达城市区推进，同时彻底攻占了卡尔巴拉。

4 月 7 日，美第 3 机械化步兵师第 2 装甲旅向巴格达中心地带发起攻势，有 70 多辆坦克和 60 多辆“布雷德利”战车，在 A-10 攻击直升机和无人驾驶飞机掩护下，占领了巴格

4月8日，以萨达姆为首的伊拉克领导人集体“蒸发”消失，至此，“震慑”行动告一段落。

达市中心的一些建筑，包括机场附近的一处总统官邸和市中心的萨达姆的总统府，并随即在总统府开设了一个移动指挥中心。美海军陆战队越过迪亚拉河进抵巴格达东郊，晚上则占领了巴格达的东南一带，从东南截断了出入巴格达的通道；城西与西北则由第3机械化师控制，美军进出巴格达行动自如。

4月8日，以萨达姆为首的伊拉克领导人集体“蒸发”消失，至此，“震慑”行动告一段落。

(3) 第三阶段——“围剿”行动

“围剿”行动从4月9日开始，至4月15日主要军事行动结束止。主要任务是围剿追杀包括萨达姆在内的55名被美军通缉的伊拉克军政要人，清除当地隐藏起来的抵抗势力，搜寻大规模杀伤性武器。目的在于彻底推翻萨达姆政权，重建伊拉克新政府。

4月9日，美官员在新闻发布会上说，美军已经在伊拉克全境取得制空权，伊拉克军队已经不能对联军空袭行动构成威胁。伊军在巴格达的“有组织抵抗已经停止”。巴格达城内持续两个小时的枪炮交火逐渐减弱。当日下午，美海军陆战队对巴格达东北部的萨达姆城进行了逐户搜查。但萨达姆的支持者仍在伊拉克北部顽抗，包括萨达姆的家乡提克里特、北部城市摩苏尔和基尔库克等地区。在美军攻击巴格达的同时，伊拉克北部的库尔德武装在美军特种部队的支援下，逐步南下接近北方重镇摩苏尔，并挺进到该城的最后一道防线。9日夜，美军坦克进入巴格达市中心，在美海军陆战队的帮助下，市中心巴格达广场的萨达姆巨大雕像被推

4月9日，美军坦克进入巴格达市中心，在美海军陆战队的帮助下，市中心巴格达广场的萨达姆巨大雕像被推翻。

翻。美军开始对居民区进行搜查，收缴伊拉克阿拉伯复兴社会党党员和"萨达姆敢死队"成员的武器。

4月10日，约有12架美军战机再次袭击了北部重镇基尔库克。美联社海军陆战队在战机掩护下，攻击了巴格达城内的最后一个目标——城东北部的萨达姆城。美军完全控制了伊拉克南部所有的油田和伊拉克与叙利亚交界处的重镇加伊姆。美英联军建立的"走向自由"伊拉克电视频道开播。美国总统布什和英国首相布莱尔向伊拉克人民讲话，强调萨达姆政权正在崩溃，伊拉克人民将建立新的、自由的、民主的伊拉克。美特种部队已进入伊拉克石油重镇基尔库克。

4月11日，美军向位于巴格达以西约110km处的一栋萨达姆同父异母兄弟的住宅投下6枚"杰达姆(JDAM)"联合攻击炸弹。在伊拉克北部城市基夫里附近，有数千名伊拉克军人放下武器准备回家，并称他们昨天才知道巴格达已经陷落、萨达姆已经失去对国家控制这一消息。美军与伊拉克第5军团在北方重镇摩苏尔附近签署了正式停火协议。在巴格达，美军占领了伊拉克军方情报总部大楼，英国准备撤回部分驻守海湾的4.5万部队，撤军活动从海军和空军部队开始。

4月12日，美军夺占了位于巴格达中部地区的最后一个效忠于萨达姆的阿拉伯战士据点。美第4机械化步兵师的人员通过空运到达科威特，装备则通过海运到达，该师的先头部队向伊拉克境内开进。伊拉克总统萨达姆的高级科学助手，美军通缉的55名高官之一的阿米尔·萨阿迪向美军投降。美"林肯"号航母战斗群离开海湾返回本土。美国国会批准了一项将近800亿美元的战争财政议案，除补给伊拉

4月12日，美军夺占了位于巴格达中部地区的最后一个效忠于萨达姆的阿拉伯战士据点。

克战争外，还为在阿富汗行动和全球反恐计划及重振航空业提供帮助。

4月13日，美海军陆战队快速推进到伊拉克北部城市——萨达姆的家乡提克里特。提克里特的15名部落领导人要求联军停止轰炸，就和平投降开始谈判，并已经给当地的萨达姆敢死队发布了最后通牒，要求他们在美军停止轰炸后48h内放下武器。萨达姆的兄弟沃特班·伊布拉西姆·哈桑在企图越境进入叙利亚时被联军俘虏。美军第4机械化步兵师先头部队开进伊拉克南部，增强了美军地面部队的力量。

4月14日，美军对萨达姆老家提克里特发动了大规模轰炸，数百辆坦克在空中掩护下，向该城发动攻击，在该市城南郊区，美海军陆战队在武装直升机配合下，同固守在当地的2500名萨达姆支持者发生激烈交火。美军的黎波里特遣队，也就是美国海军第1远征军参与了这次战斗。美军进入了该市，并占领了萨达姆的总统行宫。

4月15日，美海军下令撤回"小鹰"号和"星座"号航母战斗群。5月2日美国总统布什在从海湾返回的"林肯"号航空母舰上发表讲话，称伊拉克战争的"主要军事行动"已经结束，由英国、澳大利亚和美国组成的联军"取得了对伊拉克战争的胜利"。

伊拉克战争的主要特点

(1) 强弱悬殊，时代差明显

交战的一方是世界顶尖的军事强国，另一方则是经受

> 美国是世界上惟一的超级大国，国民生产总值是伊拉克的700余倍，政治、军事与外交实力都大大强于伊拉克，再加上英国的综合实力，伊拉克的弱势就更加突出。

10多年经济制裁，国力与军力都严重削弱了的伊拉克。

海湾战争中战败的伊拉克，战后一直处于非常不利的地位。一是，伊拉克被迫接受南、北禁飞区，1991年美英将伊拉克北纬36°以北和北纬33°以南划为“禁飞区”，伊拉克的飞机无权在“禁飞区”中飞行，实际上处于“有空无权”的状态。在政治上，南部禁飞区主要由什叶派穆斯林控制，北部禁飞区主要由库尔德人控制，萨达姆的中央政府只能控制北纬33°～36°之间约180km的地域。两个禁飞区将伊拉克一分为三，成为一个领土与主权都不完整的国家。二是，联合国对伊拉克实施全面的经济制裁，伊拉克只能靠“石油换食品计划”维持国计民生，国民经济出现严重的衰退，据《简明西亚百科全书》称，伊拉克的国民生产总值从1991年的约708.35亿美元下降到1997年的154亿美元。第三，联合国的武器核查小组常年对伊拉克进行武器核查，不允许其发展大规模杀伤武器，也不得发展射程超过150km的导弹，还禁止其他国家向伊拉克出售高技术武器和敏感技术，使伊拉克军力严重削弱。

美国是世界上惟一的超级大国，国民生产总值是伊拉克的700余倍，政治、军事与外交实力都大大强于伊拉克，再加上英国的综合实力，伊拉克的弱势就更加突出。美英都拥有装备精良、高新技术条件的军队。而伊拉克的近39万军队中陆军占90%。海军约2000人，在海湾战争中就已溃不成军，有的舰艇还躲在第三国的港口里，基本上没有什么作战能力。空军虽有2万～3万人和316架各型作战飞机，但由于雷达站的指挥控制设施被美英军摧毁，根本不能升空作

伊拉克军队与美英军队的这种差距是一种“时代差”，一方是信息化初具规模的军队，另一方则基本还是机械化或半机械化的军队。

战。防空军约1.7万人，多数是高炮部队，只有少量的防空导弹，对美英军队也构不成多大的威胁。

值得一提的是美军近年来经过海湾战争、科索沃战争、阿富汗战争的实战试验，其新军事革命的一些军事技术与军事理论都得到了快速的发展，进入21世纪以来，军队的信息化建设步伐加快。伊拉克军队与美英军队的这种差距是一种“时代差”，一方是信息化初具规模的军队，另一方则基本还是机械化或半机械化的军队。

战争的实际过程已经证明，从一开始伊拉克军队就不可能组织起像样的抵抗。由于力量的悬殊，战争必然呈现一边倒的局面，激烈的对抗始终没有出现，这是萨达姆政权迅速垮台的直接原因。

(2) 矛头直指萨达姆

伊拉克战争中，美军作战一个突出的特点是牢牢抓住推翻萨达姆政权这个根本目标，采用“决定性快速作战”思想，坚持打敌重心，速战速决。

美英联军的战争目标是推翻萨达姆政权，扶植一个亲美的伊拉克政府。为了达到这一目标，必须重视对作战“重心”的攻击。“重心”是指“军队获得行动自由、物资力量或战斗意志的特性、能力或力量源”。美军认为，一旦敌方的作战“重心”被攻占或被摧毁，其防御体系就会陷入瘫痪，难以组织起有力的抵抗，己方就能够取得决定性胜利。因此，美军在伊拉克战争中始终把消灭萨达姆为首的领导集团作为首要目标。美军为达成这一目标的策略有上策和下策。上策是通过远程精确打击炸死萨达姆，3月20日凌晨实施“斩首”

伊拉克战争中美军长驱直入，高速度地挺进巴格达，很快就推翻了萨达姆政权，体现了“快速决定性作战”思想。

行动，轰炸了据说是萨达姆和其他政府高官正在开会的总统府；4月7得到“线人”的报告后，对萨达姆及其两个儿子开会处的快速精确打击，都属于这类行动。美军认为萨达姆是伊拉克军民进行抵抗的“精神支柱”，只要除掉萨达姆，伊拉克军民的抵抗就会“树倒猢狲散”，迅速瓦解，即使萨达姆的少数追随者继续顽抗，也不会对美军构成大的威胁，可以由伊拉克新政权逐步解决。因此，“斩首”行动只要有一次奏效，美军就可以以小战而屈人之兵，一举达成战略目标。但是实际上这两次行动均未成功，上策未能实现，就只好采取下策，美军在进行空中突击的同时以大规模地面部队快速挺进，直捣伊拉克首都巴格达，继续实行“斩首”的作战意图。

为了快速占领巴格达，推翻萨达姆政权，美军实施了“决定性快速作战”。“决定性快速作战”的两个要点是“快速”和“决定性”。“快速”尽可能快地达成战役目的，在绝对速度和相对速度上都要快于敌人。为达成“快速”必须做到知己知彼，尽早计划，及时决策，充分准备，反应快速。“决定性”是指通过打击敌人的凝聚力和“重心”，摧毁其抵抗意志和能力，将自己的意志强加于敌。为了实现“决定性”必须做到知己知彼，使用国家的综合能力，进行基于效果的作战；综合运用信息优势、制敌机动和实施精确打击，以产生压倒性的效果；利用反应快速的指挥控制体系，实施残酷无情的打击。

伊拉克战争中美军长驱直入，高速度地挺进巴格达，很快就推翻了萨达姆政权，体现了“快速决定性作战”思想。在“快速”方面，第3机械化步兵师高速开进，不与伊拉克南部的伊军纠缠，直指巴格达，仅4天时间就推进400km。在“决

伊拉克战争中，美英军队的火力，特别是远程精确火力的作用十分明显。

定性”方面，美军使用了决定性的作战力量和各种精确打击手段，实施决定性的打击，很快就歼灭或击溃了巴格达的守军主力，使地面部队在没有遇到多大阻力的情况下，迅速攻占了巴格达。

(3) 火力代替兵力，全纵深打击

美英联军在这场战争中，虽然出动了地面部队，但与伊拉克军队并没有在数量上形成优势。战争打响时，美英军队抵达海湾地区的总兵力有 24 万人左右，其中海空军约 13 万人，地面部队约 11 万人。在这 11 万地面部队中，担负进攻任务的美军第 3 机械化步兵师、第 101 空中突击师、第 1、2 陆战远征部队，再加上英军第 7 装甲旅、第 16 空中突击旅和第 3 突击旅，总共只有 6.5 万人。伊拉克则有陆军 35 万人，比例为 1∶5.4；美英联军共有主战坦克 920 辆，伊拉克有可使用的各型坦克约 2000 辆，比例为 1∶2；美英联军的战车约 750 辆，伊拉克的战车约 3000 辆，比例为 1∶4。

美军采用火力代替兵力的战法。伊拉克战争中，美英军队的火力，特别是远程精确火力的作用十分明显。虽然没有像以往的战争那样，采取先以空中或远程火力进行长时间突击的做法，在开战后仅 12h 就出动了地面部队，但对伊拉克全纵深的火力打击从未间断过。可以看出，联军的远程火力一直以伊拉克的重要军事、政治目标为主；中、近程则由直接支援地面部队进攻的战机和直升机提供。以保证地面部队实施快速推进。战争中，美英军队出动飞机 30 000 多架次，投掷各型炸弹 20 000 余枚。仅开战的前三天就向伊拉克发射精确制导弹药 4000 枚，相当于海湾战争的 10 倍。这样在

以火力代替兵力，实施全纵深打击是高技术战争作战样式的集中体现。

地面部队尚未到达巴格达前，已经由各种火力将伊拉克的防御设施、指挥体系、精锐部队破坏、摧毁和消灭。强大的火力攻击，特别是对伊拉克国家“重心”的攻击，也是一种巨大的“震慑”，极大地动摇了伊拉克军民的抵抗信心，既减轻了地面部队前进的阻力，也加快了部队推进的速度。

这种以火力代替兵力，实施全纵深打击是美军的“非接触作战”、“非线式作战”、“新联合作战(陆地、空中、海洋、太空、信息、认知六维空间实施的一体化作战)”、“精确作战”、“信息火力战”和“网络战”等高技术战争作战样式的集中体现。图 6.3 为美军公布的对巴格达袭击的照片。

图 6.3　美军公布的对巴格达袭击的照片

(4) 联合作战，高度一体化

历来打仗讲究两件事，一是“力量”，二是“力量的使用”，伊拉克战争中，美英军队各军兵种密切协调，浑然一体，联合作战一体化程度空前提高，充分展示了整体作战威力，创造了以少胜多的战绩。

也有人说：战争一半是科技，一半是艺术，这都是一个意思。力量靠科技和国家经济的发展，及科学技术向战斗能力的转化；力量的使用则纯粹是军人的事情，包括军事思想、军事理论、军事学术等。这些在战争的过程中则集中的体现为作战指挥。力量好比是一部能够进行战争的作战机器，力量的使用就是让这部机器能够合理地运转。伊拉克战争中，美英军队各军兵种密切协调，浑然一体，联合作战一体化程度空前提高，充分展示了整体作战威力，创造了以少胜多的战绩。

首先，各地面作战部队之间密切协同。为了尽快推翻萨达姆政权，美军地面部队兵分三路快速挺进，直指巴格达。西路的地面部队主力——第3机械化步兵师不在纳西里耶、纳杰夫等城与伊军纠缠，几天长途奔袭数百公里，创造了战争史上大纵深突击的新纪录。之所以能够做到这一点，是由于其左翼有101空中突击师掩护，右翼有海军陆战队保障。中路的海军陆战队第1远征部队越过欣迪耶和希拉等地，紧随其后。东路的海军陆战队第2远征部队绕过阿马拉等镇与西、中两路大军在巴格达城下会合，构成合围巴格达的态势。为了减轻南部美军地面部队的压力，美军积极开辟北方战线，自3月27日第173空降旅1000人空降到伊拉克北部机场后，几天内又在北部机场空降数千人，在当地库尔德人的配合下，对摩苏尔、基尔库克和埃尔比克等地的伊军形成围攻之势，并迅速攻占这些地区。

二是，地面部队与空中力量的密切协同。作战过程中，地面部队与空中力量配合默契。地面部队在空中力量的强有力支援下，实现了更快速的机动，可以随时机降或伞降到

世人关注与期待的“巴格达战役”并没有发生，这是为什么？

预定地域；无人侦察器在战场上空不断“盘旋”，给指挥官提供了实时的敌情信息；空中力量在地面部队人员的引导下，极大地提高了打击目标的精度。所以，五角大楼一位官员对此评论说：“在地空力量的配合下，我们到处都有眼睛，时时刻刻知道自己的位置和敌人的部署；所有的部队都像网络中的一个环节，紧密联系，互通信息。”

三是，空中精确打击力量与进攻巴格达的地面部队密切协同。机械化步兵师的装甲分队开进巴格达市内中心区域。美军轰炸萨达姆及其儿子开会的场所后，伊拉克领导层的所有官员都销声匿迹。同一天，美军地面部队攻占了萨达姆共和国卫队的兵营。随即美军就占领了巴格达。世人关注与期待的“巴格达战役”并没有发生，这是为什么？实际上，正是由于美军的精确打击力量和进攻巴格达的地面部队进行了密切的协同与配合，从战争一开始，精确打击力量就是进攻巴格达的重要的组成部分，在地面部队开进的同时，精确打击已经歼灭了大量的伊拉克军队，摧毁了伊军的主要设施，包括指挥系统。这样，在地面部队进入巴格达之前，伊拉克的军队或被消灭或被打散。精确打击确保了地面部队顺利占领巴格达。

四是，陆军、海军、空军、陆战队和特种作战部队密切协同。这五者的密切协同，真正构成了多维的一体化战场，充分地发挥了大于个体之和的整体作战威力。从战争的全过程看，美英空军始终掌握着制空权和制天权，准确、持久的空中突击行动重创了伊拉克的军事力量和经济能力，为地面部队顺利进攻创造了有利条件；海军自始至终控制着海上通

在伊拉克战争中，美英联军也使用了不少高新技术的武器装备。

道，其舰队和舰载飞机为突击伊拉克的重要目标做出了重大贡献；地面部队则充分利用空中和海上突击的效果抓住有利战机，快速挺进，攻占巴格达；特种作战部队深入敌后，保护油田，进行侦察，夺占机场和重要设施，在关键时刻发挥了重要作用；航天部队也充分发挥了作战支援和保障作用，使各种信息得到快速传输与处理，保证了指挥控制系统的正常高速运转。这种密切协同的一体化作战，使美英军队的技术优势得到了充分地发挥。

（5）新式武器装备大量使用

在每次战争中人们都会发现有新的武器装备出现。例如，在 1950 年 10 月至 1953 年 7 月的抗美援朝战争中，使用了 9 种新式武器；1964—1975 年越南战争中使用的新式武器达 25 种之多；1967、1973、1982、1986 年四次中东战争中使用的新式武器有 30 余种；1991 年的海湾战争中新式武器和战斗系统多达 100 余种；在科索沃战争和阿富汗战争中，美军除了广泛使用新式武器装备外，还利用了电磁脉冲炸弹、温压炸弹、微波枪等新概念武器。在伊拉克战争中，美英联军也使用了不少高新技术的武器装备。

一是，精确制导武器的使用有新变化。首先，精确制导武器的性能有提高。一些精确制导的特种弹头，几乎都是改进的或新的型号，多数第 1 次用于实战。如电磁脉冲炸弹，它能使敌方的指挥控制和电子通信系统陷入瘫痪，使航空电子设备和瞄准系统失灵，还可能造成人员精神错乱，行为失常或导致死亡。针对萨达姆等政府要员可能藏身地下的情况，美军使用钻地炸弹，可以钻入地下几十米爆炸。“阿帕

开战仅三天,美军就向伊拉克发射精确制导弹药达 4000 枚,相当于海湾战争的 10 倍。

奇”武装直升机也装上了新系统,能够同时瞄准 16 辆坦克(目标)进行精确打击。其次,远程精确打击武器运用的比重在加大。1991 年海湾战争中,美军一艘航空母舰一天可摧毁 162 个目标,这次战争中,能够摧毁 700 个目标。这次开战仅三天,就向伊拉克发射精确制导弹药达 4000 枚,相当于海湾战争的 10 倍。仅 3 月 22 日 1 天就发射了几百枚巡航导弹,是整个海湾战争时的 4 倍。表 6-1 是近期美军在四场战争中使用精确制导武器的情况。

表 6-1 美军四场主要战争精确制导武器使用情况

战争 使用的精确制导武器	海湾战争	科索沃战争	阿富汗战争	伊拉克战争
武器的作战平台	10%	90%	90%	95%
使用精确制导武器(初期)	25%	90%	100%	100%
使用精确制导武器(全程)	8%	35%	60%	70%
精确打击目标比例	75%	74%		100%

美军在这次战争中使用的精确制导弹药主要有“战斧Ⅲ”、“战术战斧”等舰射巡航导弹,AGM-86、AGM-129 等空射巡航导弹,AGM-154、AGM-158 等联合防区外发射空对地导弹,GBU-31/32/35/38 等联合直接攻击弹药,BLU-118 温压炸弹,“铺路”系列激光制导炸弹等。这些弹药大多采用全球定位系统制导,不仅命中精度高,如联合直接攻击弹药的精度为 3m,近程战役战术导弹为 0.1～1m,中程的为 1～10m,远程的为 10～50m。而且具有较强抗干扰能力,几乎不受云雾、沙尘、浓烟的影响,能够全天候、全时空使用。

28 颗全球定位卫星，可使美军掌握战场上机动目标的位置，引导各类精确制导弹药进行攻击。

这些精确弹药进行“点穴式”突击，在摧毁目标时所造成的附带损伤较小，达到了笼络伊拉克民心和减少国际舆论谴责的作用。

二是，强大的“太空作战平台”使联军保持战场单向透明。战前，美军部署在太空直接或间接搜集伊拉克情报的各种卫星多达 50 余颗。侦察卫星每天 10 多次经过伊拉克战场上空，可提供分辨率为 0.1～0.5m 的图像，进行目标识别和精确打击。这些卫星全时空监视伊军阵地，注视萨达姆的一举一动，收集分析伊拉克国内无线电信号，监听所有的通信联络。28 颗全球定位卫星，可使美军掌握战场上机动目标的位置，引导各类精确制导弹药进行攻击。在空中，美军动用了 U-2 战略侦察飞机、RC-135 电子侦察飞机、E-8C 联合监视与目标攻击雷达系统飞机和各种型号的无人驾驶飞行器，加上战前长时间的多手段、全方位的情报工作，使美军开战时对伊拉克境内所有的重要目标，包括军队布防位置、指挥中心、通信枢纽，以及军政主要领导人员的住处等，都摸得清清楚楚。除了美英军队的战场侦察手段先进以外，由于海湾战争的失败，伊拉克被迫接受美英等国强加的南、北禁飞区，伊拉克实际上处于“有空无权”的状态，加上通过长期的对伊拉克进行武器核查，美国的飞机不断地在伊拉克边境或深入内地实施侦察，并借各种理由轰炸伊拉克的军事设施，既试验了新式武器，又摸清了伊拉克的情况。这些多层次、多来源、全时空、近实时的侦察监视系统，使伊拉克战场对美英来说几乎是单向透明的。

三是，无人驾驶器大量使用。在伊拉克战争中美军装备

美海军陆战队装备了100多套K8城市机器人系统及约200套陆战型“旅鼠”无人地面车，用于城市巷战。

了大量的无人作战装备。美空军配备了“捕食者”、“暗星”和“全球鹰”等各式无人驾驶飞机，其中“捕食者”无人驾驶飞机除了执行低空照相侦察任务外，还加装了激光制导武器，用于对敏感目标和伊拉克的防空力量严密的目标进行精确轰炸。美海军装备了远距离环境测量装置“鲸鱼座”和“海洋探险者”等多种小型无人潜水器，对复杂海域进行探测并排除水雷。美海军陆战队装备了100多套K8城市机器人系统及约200套陆战型“旅鼠”无人地面车，用于城市巷战。美国陆军装备了MPR-800型多功能机器人，能进行地雷探测与排险、灭火、监视、清除放射性沾染等工作。为了准确、迅速和全面地对城市街区复杂地形实施侦察，美军还使用大量小型或微型的无人飞行器。这类飞行器的最大优势在于能在街区的建筑物之间，甚至在建筑物内实施侦察，是巷战时不可缺少的有力武器。美军的“黑寡妇”无人飞行器，长度仅有15cm，重200g左右，最远飞行距离为1000m，能持续飞行30min，它装有微型摄像机和GPS定位仪，巡航时速约为70km，能够避开雷达和红外遥感器的监视。无人驾驶器的大量使用，加大了情报信息收集的力度，又确保了部队的安全。

四是，武器装备的信息化程度提高。海湾战争时期，美军的信息化建设刚刚起步，而这次伊拉克战争中，美军武器装备的信息化技术含量有了很大的提高，表明美军正在加速向信息化过渡。目前，美国陆军装备53%已经实现了信息化，海空军的信息化装备达70%。美军的信息化表现在以下四个方面：首先是前面提到的精确制导弹药。第二是美军拥

战争开始后，美军散布“萨达姆已经被炸死”、“伊军有两个师的部队投降”等假消息，企图粉碎伊军民的抵抗意志。

有的大量信息化作战平台，包括坦克与导弹发射装置、作战飞机与直升机、作战舰艇等武器载体。信息化作战平台装有大量的电子信息设备，与自动化指挥系统联网，成为系统的一个结点。第三是单兵的数字化装备，从头到脚、防护到观察、通信、定位和信息传递。最后是自动化的指挥系统，将指挥、控制、通信、计算机、打击、情报、侦察和监视融为一体，成为军队和信息系统的“大脑和神经”。

（6）攻城攻心，软硬兼施

在战前，美军就多次举行大规模的军事演习，展示强大的军力，向伊拉克军民实施心理威慑；另一方面，通过投撒传单、发送电子邮件和无线电广播，离间伊军民同政府的关系，引诱伊军民放弃抵抗。战争开始后，美军散布“萨达姆已经被炸死”、“伊军有两个师的部队投降”等假消息，企图粉碎伊军民的抵抗意志；利用金钱收买伊拉克高官等手段，策反、分化伊军政领导层。并利用猛烈的轰炸、无情的火力打击和迅猛的地面部队推进战况，形成积极的心理战效应，让伊军民产生恐惧心理，陷入绝望心态。同时还严格新闻管制，制定采访报道纪律，严禁国内媒体发表可能引起美国民众反战的文章；有意不摧毁伊拉克的媒体和通信设施，保持了解伊拉克官方信息的通道。另外，美军进入巴格达后采取的若干行动，如占领萨达姆的总统府、坦克与战车进入市中心、推倒萨达姆的巨型铜像，也都具有极强的心理战意义。

美英军队在实施大规模进攻的同时，非常重视心理战和宣传战，利用发达的现代传媒体系，从美国的白宫、国务院、

美军的中央司令部几乎每天都举行新闻发布会，展示精确打击的效果，公布战场上顺利推进的消息。

五角大楼到设在沙特的中央司令部，频繁地举行新闻发布会，通报战争进展情况，向各国记者和媒体进行宣传；允许新闻记者随同美军地面部队和舰队进行采访；美军的中央司令部几乎每天都举行新闻发布会，展示精确打击的效果，公布战场上顺利推进的消息，不断地播发伊拉克军队节节败退的画面。

参考文献

[1] 王保存著. 世界新军事变革新论. 北京：解放军出版社，2003

[2]（俄）B. C. 特列季亚科夫著. 21世纪战争. 北京：军事谊文出版社，2002

[3]（美）T. N. 杜普伊著. 武器和战争的演变. 北京：军事科学出版社，1985

[4] 黄建伟，李忠庆，赵小松著. 散不尽的硝烟——伊拉克战争迷雾中的思考. 北京：军事科学出版社，2003

[5] 王兆春著. 中国科学技术史[军事技术卷]. 北京：科学出版社，1998

《院士科普书系》总书目

《院士科普书系》第1辑目录

1 对称与不对称 李政道 著 朱允伦 柳怀祖 编
2 来自微观世界的新概念——单分子科学与技术 白春礼 著
3 第三种科学方法——计算机时代的科学计算 石钟慈 著
4 计算机怎样解几何题——谈谈自动推理 张景中 著
5 机会的数学 陈希孺 著
6 信息世界漫谈 李衍达 编著
7 从绿叶到激光光盘——颜色与化学
袁渭康 主编 田 禾 陈孔常 著
8 人类认识世界的帮手——虚拟现实 汪成为 著
9 海陆空天显神威——惯性技术纵横谈 丁衡高 著
10 21世纪的绿色交通工具——电动车 陈清泉 詹宜巨 著
11 坐飞机去——现代民用运输航空 管 德 著
12 悄悄进行的破坏——金属腐蚀 曹楚南 编著
13 千秋功罪话水坝 潘家铮 著
14 九曲黄河万里沙——黄河与黄土高原 张宗祜 著
15 沉默的宝藏——盐湖资源 张彭熹 著
16 今日水世界 刘昌明 傅国斌 著
17 节水农业 山 仑 黄占斌 张岁岐 编著
18 产业大观 朱高峰 著
19 动物的运动 钦俊德 著
20 菌物世界漫游 裘维蕃 著
21 地球上最重要的化学反应——光合作用 沈允钢 著
22 运筹帷幄，决胜千里——从生态控制系统工程谈起 关君蔚 著
23 梳理人、事、物的纠纷——问题分析方法 肖纪美 著
24 消除血肉之灾——创伤防治 王正国 主编
25 征战癌王 汤钊猷 著

《院士科普书系》第2辑目录

《院士科普书系》第3辑目录

《院士科普书系》第4辑目录